国家自然科学基金项目研究成果（61271364）

语音识别及其在农业信息采集中的应用

许金普 著

中国农业科学技术出版社

图书在版编目（CIP）数据

语音识别及其在农业信息采集中的应用／许金普著．—北京：中国农业科学技术出版社，2018.5

ISBN 978-7-5116-3656-0

Ⅰ．①语…　Ⅱ．①许…　Ⅲ．①语音识别-应用-农业-信息获取　Ⅳ．①S126

中国版本图书馆 CIP 数据核字（2018）第 076008 号

责任编辑	白姗姗
责任校对	马广洋

出 版 者	中国农业科学技术出版社
	北京市中关村南大街 12 号　邮编：100081
电　　话	（010）82106638（编辑室）　　（010）82109702（发行部）
	（010）82109709（读者服务部）
传　　真	（010）82106650
网　　址	http://www.castp.cn
经 销 者	各地新华书店
印 刷 者	北京建宏印刷有限公司
开　　本	787 mm×1 092 mm　1/16
印　　张	6
字　　数	145 千字
版　　次	2018 年 5 月第 1 版　2018 年 5 月第 1 次印刷
定　　价	68.00 元

内容简介

本书主要介绍语音识别技术及其在农产品市场信息采集过程中的应用，重点围绕如何提高语音识别的噪声鲁棒性问题展开。内容包括引言、噪声鲁棒性语音识别的现状、基于 HMM 的农产品价格语音识别、三音子模型优化及特征规整、联合谱减增强和失真补偿的鲁棒性方法、基于统计模型的前端增强与失真补偿的结合等，最后是结论和展望，全书共七章。

本书适合从事农业信息技术、智慧农业、语音识别技术、农业经济管理、管理科学与工程等领域的学者专家参阅，也可为高校通信、计算机科学、农业信息化等相关专业的学生学习使用。

前　言

当前语音识别的研究已取得了较为丰硕的成果，在安静环境下性能令人满意，逐渐被应用在诸多人机交互的场合。然而，由于噪声的存在，语音识别系统在实际环境下性能急剧下降，如何提高语音识别的噪声鲁棒性，逐渐成为近年来语音识别的研究热点。本书主要研究农产品市场信息采集作业环境中的语音识别噪声鲁棒性问题，针对当前缺乏面向农产品市场信息采集领域的语音识别引擎，而通用领域的识别算法又不适合解决上述问题，分析环境的噪声特点，面向非特定人和中小规模词汇量的连续汉语普通话识别，训练声学模型，研究适用于该环境下的语音识别鲁棒性方法。本书主要研究的内容包括：

（1）基于隐马尔科夫模型（HMM）框架建立了声学模型，利用自建的农产品市场信息语料库进行训练和测试 HHM 模型，基于 HTK 工具包建立了农产品价格语音识别基线系统。

（2）在分析农产品市场信息采集环境的噪声特点的基础上，从模型空间和特征空间对系统采取了多种鲁棒性方法，包括：在声学模型的识别基元选取上，采用了一种扩展的三音素声韵母模型，有效地解决了音节内部和音节间的协同发音问题，大大提高了识别率；针对建模后三音子模型数量急剧增加问题，采用了决策树状态聚类方法，建立了一套二值问题规则集，并将语音学的专业知识融合进决策树，通过聚类减少了三音子模型的数量，有效地解决了训练数据不充分问题；鉴于倒谱均值归一化（CMN）方法在消除信道卷积噪声以及加性噪声方面的良好表现，在农产品市场信息语音识别系统中采用，有效缓解了信道噪声影响。

（3）在信号空间，为了提高输入语音信号的信噪比，采用了谱减类算法进行语音增强，但谱减算法容易带来信道失真和"音乐"噪声。为了减少这种失真，提出了一种联合语音增强与特征补偿的鲁棒性方法，把倒谱均值方差归一化方法（CMVN）与谱减类算法进行了结合，二者互为补充。实验结果表明，联合后的算法能有效提高系统的识别率，特别是在低信噪比时效果更为明显。

（4）在统计估计理论的框架下，研究了估计幅度与实际幅度的最小均方误差（MMSE）估计器以及对数最小均方误差（logMMSE）幅度估计器。在此基础上提出了一种联合 MMSE 以及 logMMSE 幅度估计与 CMVN 失真补偿的鲁棒性方法。不同农产品市场信息采集环境下的实验证明，该方法具有一定的噪声鲁棒性，多种空间算法的有机结合可以提供系统的鲁棒性，特别是在低信噪比时更为明显。

　　本书的研究为语音识别在农产品市场信息采集环境中的应用建立了一套鲁棒性方法，为今后语音识别在农业信息采集领域的应用提供了借鉴。然而，由于水平所限，编写时间仓促，书中难免会出现一些错误或者不准确的地方，恳请读者批评指正。

　　本书初稿完成后，得到了诸叶平、赵俊峰、王向东、周国民等人的审阅和指导，提出了很多宝贵意见，对本书质量的提高有很大帮助，在此向他们表示衷心的感谢。

　　本书是作者参与承担国家自然科学基金项目的部分研究成果，具有一定的理论性和实际应用性。

著　者
2018 年 3 月

英文缩略表

英文缩写	英文全称	中文名称
ASR	Automatic Speech Recognition	自动语音识别
CMN	Cepstral Mean Normalization	倒谱均值归一化
CMS	Cepstral Mean Subtraction	倒谱均值减
CMVN	Cepstral Mean-Variance Normalization	倒谱均值方差归一化
CVN	Cepstral Variance normalization	倒谱方差归一化
DFT	Discrete Fourier Transform	离散傅里叶变换
DHMM	Discrete Hidden Markov Model	离散隐马尔科夫模型
DP	Dynamic Programming	动态规划
DTW	Dynamic Time Warping	动态时间规整
ERR	Error Rate Reduction	误识率下降
FFT	Fast Fourier Transformation	快速傅里叶变换
GMM	Guassian Mixture Model	高斯混合模型
HAD	Heteroscedastic Discriminant Analysis	异质判别分析
HEQ	Histogram Equalization	直方图均衡
HMM	Hidden Markov Model	隐马尔科夫模型
ICA	Independent Component Analysis	独立分量分析
LDA	Linear Discriminate Analysis	线性判别分析
LVCSR	Large Vocabulary Continuous Speech Recognition	大规模连续语音识别
MAP	Maximum A-Posterior	最大后验概率
MBSS	Multi-Band Spectral Subtraction	多带谱减
MFCC	Mel- Frequency Cepstral Coefficients	梅尔频率倒谱系数
MLE	Maximum Likelihood Estimation	最大似然估计
MLLR	Maximum Likelihood Linear Regression	最大似然线性回归
MMSE	Minimum-mean Square Error	最小均方误差
PDF	Probability Density Function	概率密度函数
PLP	Perceptual Linear Prediction	感知线性预测

（续表）

英文缩写	英文全称	中文名称
PMC	Parrell Model Composition	并行模型联合
SNR	Singal-to-Noise Ratio	信噪比
SS	Spectral Subtraction	谱减法
VAD	Voice Activity Detector	活动语音检测

目　　录

第一章 引 言

第一节 问题的提出及研究意义

农产品市场信息是发展现代农业的重要信息来源，是农产品市场分析和预警的基础数据，对保证我国农产品市场安全稳定有重要意义。农产品市场信息覆盖范围广，包含的信息内容纷繁复杂，更有学者（许世卫等，2011）提出了农产品全息市场信息的概念。农产品市场信息有其必要属性，如名称、价格；也有次要属性，如颜色、口味等，消费者所关心的农产品信息主要包括种类、购买地点、价格、产品质量、购买量等，但不同群体的关注程度有所差异。我国目前的农产品市场信息大多只包含名称、价格、销量、产地、等级等少部分信息。

针对农产品市场信息的重要性，国家相关部门和地方政府也纷纷建立了各种形式的农产品市场信息采集机制，信息的采集方式往往利用传统的人工抄录再二次录入计算机、电话报价或邮件汇总等方式来完成，但此类信息采集方法重复劳动较多，效率不高，且时效性较差。为此，很多机构和科研人员纷纷提出了信息采集的方法，开发了各种便携式的信息采集设备（李干琼等，2013；邢振等，2011；赵春江等，2013）。这些方式有自身的优点和便捷之处，提高了工作效率，但在交互性方面尚有一定的问题。一般来说，便携式设备的屏幕和按键都较小，而农产品市场信息采集的工作场所往往是在室外，容易受到强烈光线、雨雾冰雪、恶劣天气、野外环境等条件的限制，给操作带来了不便；另一方面，从人机交互的角度考虑，现有的信息采集设备主要依靠双手和视觉的配合来完成操作，但对需要人工干预的情况下进行的信息采集，因其大部分是在生产过程、操作同时进行的，传统的设备必然导致操作人员暂时中断当前的工作转而进行信息的采集，这样就会导致劳动生产效率的降低。此外，传统的信息采集设备因操作界面和提示信息的复杂等因素，对操作人员的知识水平和认知能力都具有较高的要求。

近年来，随着语音识别（Speech Recognition）技术的迅速发展，基于语音交互界面的设备也在诸多行业开始应用。语音识别可以将语音转换为文本的形式，进而进行各种形式的处理和应用。从人机交互的角度看，语音是便携式设备的最佳人机交互方式（韩勇等，2004）。语音交互可以在用户的眼睛和双手同时操作其他设备的情况下使用，可以让注意力分散到多项事务，如用户在驾车时使用语音接听电话、车载语音导航等。另外，语音界面接口还方便残障人士的使用。例如，将语音输入作为命令控制 web 浏览器（李明华等，2002；舒挺等，2003；俞一彪等，2002；张先锋等，2002）和收发邮件程序（Marx，et al.，1996）。Cornell 大学的 Raman（1994）设计了使用语音控制的科技文档阅读器和屏幕阅读工具。语音是一种高效的交流媒体，相比其他交流手段更为自然，蕴含更为丰富的信息。语音交互非常适合在信息随机呈现的并且要求用户立即采取行动的任务中，如空军座舱指令（王晓兰等，2005；肖洪源等，2013）；语音交互也适合在光线不佳、空间狭小、视觉传达信息的通道收到限制的情况下使用。因此，对于小型的移动设备来讲，将语音作为输入输出的设备是合适的，I/O可以缩减为麦克和听筒。但也需要注意到，语音识别交互界面并非完全替代传统视觉—手动的交互界面，而是互为补充发挥各自的所长，以用户使用最方便、最自然为原则。因此，语音交互界面要符合用户完成任务所希望采用的交互方式，并且在符合使用语音交互的环境下使用（韩勇等，2004）。语音交互界面下完成的任务往往是一些比较简单的任务，其发展趋势是面向某个领域范围的中小规模词汇量任务。

虽然语音界面的交互对移动终端设备非常适宜，但识别效果仍是问题的关键所在。经过几十年的研究，语音识别有了长足的发展。在相对安静的环境中，语音识别能取得非常好的识别结果。但在噪声环境下，现有的面向非特定人的语音识别系统因受到噪声的污染，其识别性能则会急剧下降，尤其是在低信噪比的情况下，识别性能更为糟糕。一方面，造成这种低识别率的原因是实际测试环境与训练环境的不匹配，导致模型参数出现偏差。噪声鲁棒性语音识别的研究目标就是消除或尽量减少这种不匹配现象，提高识别性能。另一方面，农产品市场信息采集的作业环境非常复杂，如大型农产品批发市场、社区农贸市场、超市、农产品加工车间等，其所处的环境噪声包括人群噪声、汽车噪声、工厂机器噪声等，给语音识别带了较大的影响。而目前缺乏专门的面向农产品市场信息采集领域的专用识别引擎，通用领域的语音识别系统往往是大词汇量连续语音识别，模型存储空间较大，计算速度较慢，不适合在移动设备上使用；且通用领域的识别引擎在农产品市场采集环境下，由于识别环境与训练环境存在较大的差异，所提取的特征向量与训练时的特征出现不匹配，性能往往表现不佳。因此，本书针对农产品市场信息采集环境的噪声特点，面向非特定人的中小规模词汇量的汉语普通话连续语音识别，研究适合农产品市场信息采集的鲁棒性语音识别算法，改进现有的声学模型，以期对农产品市场信息采集的方法有所贡献。

第二节　语音识别概述

语音识别就是让机器听懂人说的话，即在各种情况下，能准确地将语音信号转换为文本符号，进而执行其他的处理。语音识别是一门交叉性的新兴学科，涉及信号处理、声学技术、概率统计理论、模式识别、人工智能、语音学知识、语言学等学科。

一、语音识别的发展

语音识别技术目前已经历了半个世纪的发展。1952年贝尔实验室提取语音元音段的共振峰信息，建立了第一个面向特定人的孤立英文数字语音识别系统（Davis，et al.，1952）。1959年，麻省理工大学林肯实验室构建了一种能识别某种语境下的10个元音的非特定人识别器（Forgie，et al.，1959）。

进入20世纪60年代，语音识别技术进入快速起步阶段。日本学者板仓等人

（Itakura，1970）提出了动态时间规整（Dynamic Time Warping，DTW）算法，较好的实现了语音信号在时间轴上的对准，并且给出连接词识别的相应算法。同时，卡内基梅隆大学的 Reddy 开创性的用动态跟踪音素方法进行连续语音识别（Reddy，1966），为今后 CMU 在连续语音识别方面保持世界领先抢得了先机。值得注意的是，美国国防部高级研究计划署（ARPA）也开始设立了一些庞大的研究项目，开始资助各大学以及科研单位在语音识别方面的研究。

70 年代，语音识别取得了进一步的突破。动态时间规整（DTW）和线性预测编码技术（Linear Prediction Coding，LPC）（Makhoul，1975）逐渐成熟，研究人员将其成功地应用于孤立词（字）的识别，有效地解决了语音信号的特征参数提取和语音信号时间不等长匹配问题。

80 年代，语音识别由孤立词转向了连续语音识别，并出现了大量的算法。该时期明显的特点是语音识别不再过多的依赖于简单的模板匹配方法，而是逐渐过渡到统计建模框架，今天多数的语音识别系统都是建立在该框架上的，不再对语音特征的提取精益求精，而是从整体平均的角度来对语音信号进行建模。这一时期，隐马尔科夫模型（Hidden Markov Model，HMM）理论和应用（Huang，et al.，1990；Huang，et al.，1989；Leggetter，et al.，1995b；Rabiner，1989）得到广泛介绍，大大推动了连续语音识别的发展，HMM 成为语音识别的主流。较为成功的系统是 CMU 的 Sphinx 系统（Lee，et al.，1990），该系统在环境匹配的情况下可以识别包括 977 个词汇的 4 200 个连续句子，识别率达到 95.8%。在语言模型方面，N 元语法（N-gram）的出现使其成为大规模连续语音识别（LVCSR）中的重要组成部分。随着神经网络逐渐被深入认识，也被引入语音识别中用于模式分类。DARPA 也在这一时期继续对 LVCSR 支持，并推出了一系列的研究计划。

90 年代，语音识别的噪声鲁棒性问题逐渐受到重视，研究人员尝试了很多算法，试图来减少测试环境与训练环境的不匹配问题，造成不匹配的原因主要包括环境噪声、信道噪声、说话人生理状况、麦克风等。随着 HMM 的深入研究，在模型细化、特征参数提取和自适应技术方面取得了一定的发展。主要包括模型自适应如最大似然线性回归（Maximum Likelihood Linear Regression，MLLR）（Leggetter，et al.，1995b），最大后验概率（Maximum A-Posterior，MAP）（Gauvain，et al.，1994）准则，并行模型联合（Parrell Model Composition，PMC）（Gales，et al.，1993a）等。用于模型参数绑定的决策树状态聚类算法进一步提升了系统的性能，并促进了实际语音识别系统的推出。如 BBN 的 BYBLOS（Chow，et al.，1987）系统，CMU 的 Sphinx 系统（Lee，1989；Lee，et al.，1988），SRI 的 DECIPHER 系统（Weintraub，et al.，1989）等。同时，众多面向个人用户的语音识别产品得到发展，如 IBM 公司的 ViaVoice（Davies，et al.，1999）、微软的 Whisper 系统（Huang，et al.，1995）等。英国剑桥大学（Cambridge University）的研究人员开发的 HMM 模型工具包（Hidden Markov Toolkit，HTK），将 HMM 模型的训练、识别、自适应等各种算法集成为一个工具箱，该工具包因其使用方便、功能强大且开源使用，进一步促进对语音识别的研究。

进入 21 世纪以来，语音识别继续向广度和深度发展。音频转写（Liu，et al.，

2005）、多语言语音和文本分析（Soltau，et al.，2005）、口语式语音识别（Spontaneous Speech Recognition，SSR）等一些前沿而富有挑战性的任务出现。另外，声学模型训练方面，区分性训练技术（Macherey，et al.，2005）得到进一步发展，出现了一些摆脱传统 HMM 框架的声学模型（Hasegawa-Johnson，et al.，2005；Zweig，et al.，1998）。基于语音识别的一些新应用，如多模态语音识别（Dupont，et al.，2000）、语音搜索（Seide，et al.，2004）等开始出现并受到关注。

我国的语音识别起步较晚，但发展速度较快，特别是在汉语语音识别方面取得了可喜的成就。国内中国科学院声学研究所、清华大学、中国科学院自动化研究所、科大讯飞公司等研究机构对汉语语音识别投入了较多力量。国家 863 计划智能计算机主题专门为语音识别立项，同时每 1~2 年举行一次全国性的语音识别系统测试。为了在我国的语音识别市场占得先机，国外很多跨国公司和研究机构纷纷进入汉语语音识别领域，如先后有 IBM 的 ViaVoice、微软公司的 SpeechSDK、Intel 公司的 Spark3.0 等都开始支持汉语语音识别并且提供相关的 API。

当前语音识别的研究趋势是，不再单纯关注大词汇量连续语音识别的精度，而是从实际应用出发，积极探索机器对人类语音进行感知与理解的途径和方法。从整个计算领域的发展趋势看，近年的研究热点之一是普适计算，计算模式和物理位置也从传统的桌面方式逐渐向嵌入式处理为特征的无处不在的方式发展，典型的如移动计算。因此对语音处理而言，探讨在典型的移动方式下的语音感知与理解机制，实现能根据用户的语音内容及音频场景，并借助其他辅助信息（如地理位置、时间）自主的感知和理解用户的意图及情感倾向，从而提供更智能化、人性化的人机交互手段，具有重要的理论意义和现实意义。

二、语音识别的分类

经过 50 多年的发展，语音识别已经在诸多领域有了相关的应用，如语音输入法、语音检索、语音命令控制等。语音识别系统根据应用范围、用户对象、性能要求等有不同的分类，按照语音对象分类有孤立词识别、连接词识别、连续语音识别等；按照识别词汇的规模分为小词汇量、中等词汇量、大词汇量；按照说话人的范围来分，有特定人系统和非特定人系统。

语音识别所采用的方法也可以作为分类方法，语音识别所采用的方法一般有模板匹配法、随机模型法和概率语法分析法三种。早期的语音识别系统都是按照模板匹配的原理来构造的，对每个要识别的词先建立一个特征向量模板，识别时提取输入语音的特征向量与每个模型比较，相似程度最高者为识别结果。为了解决语音信号的动态不固定性，板仓等人（1970）提出了著名的动态时间规整（Dynamic Time Warping，DTW）算法。但是该方法随着识别词规模的扩大就力不从心了，如大规模连续语音识别，因此必须寻求其他方法。随机模型法是目前主流的语音识别方法，其典型代表就是隐马尔科夫模型（Hidden Markov Model，HMM）。它有两个随机过程，语音信号可以看做一个随机过程，它在较短的时间段内可以看做平稳信号，而总的过程可以看做从一个稳定时段过渡到下一个稳定时段。马尔科夫链中的另一个随机过程是状态之间的转移，从观察值的角度看这个状态转移是隐含的。目前很多语音识别系统都是基于 HMM 模型框架的。概率语法分析法用于大长度范围的连续语音识别，但由于需要大量的语义和语法知识约束，并形成规则引入到知识库中，该方法并没有得到广泛发展和关注。

三、基于统计模型的语音识别

语音识别目前最主流的做法是基于统计概率模型的，其识别过程就可以利用贝叶斯理论，根据观察值序列 A 选择词串 W 作为输出，使得后验概率 $P(W|A)$ 最大。其基本原理如图 1-1 所示。

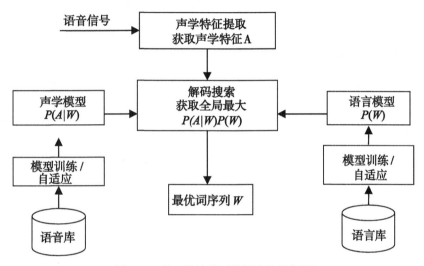

图 1-1 基于统计模型的语音识别框图

Fig. 1-1 Block diagram of speech recognition based on statistical models

在连续语音识别系统中，对给定的一段语音信号提取特征后，得到特征矢量序列为 $A = \{a_1, a_2,..., a_T\}$，该特征矢量序列可能对应的一个词序列为 $W = \{w_1, w_2,..., w_N\}$，那么语音识别系统要完成的任务就是找到对应的观察矢量序列 A 的那个最可能词序列 $\hat{W}$。这个过程根据贝叶斯准则，后验概率可以通过条件概率 $P(A|W)$ 以及先验概率 $P(W)$ 计算得到：

$$\hat{W} = \underset{W}{\mathrm{argmax}} P(W/A) = \frac{P(A/W)\, P(W)}{P(A)}$$
$$\propto \underset{W}{\mathrm{argmax}} P(A/W)\, P(W) \tag{1.1}$$

其中，$P(W)$ 是独立于语音特征矢量的语言模型概率，表示在自然语言中词序列 W 出现的概率。语言模型可以帮助判断词序列是否合理，往往根据语法规则限制搜索空间，减小计算量。$P(A/W)$ 是观察特性矢量序列 A 在 W 下的条件概率，表示在给定的词序列 W 的前提下观察矢量 A 的条件概率，即语音信号的声学特征与词序列 W 的匹配程度。$P(A)$ 与词序列无关，是一个固定值。

第三节 影响语音识别鲁棒性的因素

当前的语音识别系统在实验室环境下已取得了很好的识别效果，在训练环境和测试环境基本相同的条件下，其性能令人满意。对于非特定人的大词汇量语音识别，其识别率达到90%以上，而对于小词汇量的语音识别也可以达到95%左右。但这些系统的鲁棒性并不是很好，当测试环境与训练环境有差别时，或者在噪声环境中进行识别时，其性能就会急剧下降。其原因是，在测试环境中提取的语音特征与训练时不能很好的匹配，其识别性能就难以保证。如果语音识别系统在这种不匹配情况下，识别性能的下降不明显，则称这样的系统为鲁棒性（robustness）系统。鲁棒性语音识别的任务，就是研究一些实用的补偿技术以提高语音识别系统在环境变化时的性能。

虽然实验室环境下的语音识别取得了较好的效果，但距离实际应用环境尚有一定的差距，并不能简单直接的应用到实际中。很多因素（图1-2）会影响语音识别的性能，如实际环境的背景声音、传输线路的信道噪声、说话人身体状况和心理的变化，以及特定的应用领域发生变化等都会引起语音识别系统性能的改变，出现不稳定现象。

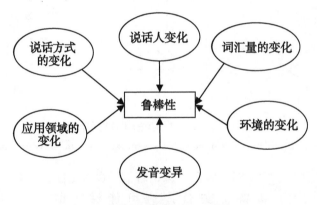

图1-2 影响鲁棒性语音识别的因素

Fig. 1-2 The main factors influencing the robustness of speech recognition

这些因素包括以下几部分。

（1）说话人。从特定说话人到非特定说话人。

（2）说话方式。从孤立词识别到连续语音识别。

（3）词汇量。从中小规模词汇到大规模词汇量。

（4）应用领域。从某个特定业务领域词汇到通用领域词汇，包括特定文法到不特定文法。

（5）环境变化。从固定环境到一般性环境。

（6）发音变化。语者因生理、年龄、疾病、情绪的影响而产生发音变化。

语音识别系统的鲁棒性问题受到研究人员的重视，虽然提出了各种噪声鲁棒性方法，但所做的研究大都有针对性的围绕某一种或两种影响因素进行展开，能够系统的、带有通用性的综合方法少之又少，目前仍旧没有统一的解决方案，因此应对不同任务和具体的应用环境，考虑采用不同的解决方法。

第四节 语音识别及声学技术在农业领域的应用

语音识别在农业领域的应用研究较薄弱，由于语音识别的学科综合性较强，加之移动设备处理能力的限制，农业领域人员开发语音处理系统存在困难，而信息技术领域研究人员多注重通用、大词汇量、连续语音识别方法的研究，虽然目前有不少语音识别方面的研究成果和产品，但仍缺乏基于手持设备的语音采集技术、方法或二次开发工具，在移动设备农业语音信息采集和方法和研究上，目前仍处于空白。

一、国外研究情况

尽管如此，近期与语音识别相关的农业应用研究也取得了一定成果。Dux（2001）将语音识别系统用于精准农业收获机械，在双手和眼睛忙于操作设备时通过语音来记录地理坐标数据，避免了驾驶错误和数据标注错误。Plauche 等（2006）研究了利用语音识别技术为农业地区的文盲用户开发了语音驱动接口来普及计算机的应用。Mporas 等（2009）在对希腊语的语音识别系统在家用电器控制中的应用进行了研究，用户能够通过语音互动实现对各种家电的控制，并且在不同环境下进行试验，语音命令的执行具有很高的准确率。Singh（2010）利用语音识别技术设计开发了多用途电子控制和语音操控的农用车辆，用户可以在实验室中通过控制车辆完成农场经营任务。

二、国内研究情况

国内对农业语音识别应用研究主要集中在通过研发出语音文本转换系统，使得农民能够基于网络获取实时的和有用的信息。张翠丽等（2006）研究了基于统一受理的农业呼叫中心解决方案，将语音识别技术运用到交互式语音应答系统，并解决了来自电话、E-mail 等不同媒体的统一受理问题。欧文浩等（2010）提出在农业语音信息识别系统中应用关键词语音识别，他们基于 Microsoft 语音识别技术和 SAPI 语音识别界面开发平台开发了农业语音识别系统，使得用户可以通过口头说明来访问语音信息系统。李桢等（2009）为了解决当前农业信息语音服务系统中交互作用少、按键频繁的问题，研究了基于关键词识别的农业信息语音服务系统，提供了一种关键词语音识别引擎，可以简化查询过程，增强了系统的交互性。诸叶平等（2011a，2011b）研究了手持设备连续语音识别在农产品数据采集中的应用，提出了面向数据采集环境的基于向量机的嵌入式语音识别多分类方法和多置信特征融合的鲁棒性拒识算法，指出现阶段农业领域内的语音识别应用研究应结合具体语料库特征，以有限词汇量的口语识别和开放环境下的语音识别鲁棒性为突破口。白立舜等（2013）研究了一种便携式野外森林资源调查的声控记录系统，该系统具有声控记录和声音反馈功能，并具有面向非特定人和一定的方言功能，改变了传统的手工填写卡片的记录方式，实现了信息的自动化记录，提高了调研记录效率。

还有很多学者根据声音信号来诊断和检测禽畜疫情（Chedad, et al., 2001;

Guarino，et al.，2008；余礼根等，2012)、身体福利状况（Jahns，2008)、昆虫物种识别（赵丽稳等，2008；竺乐庆等，2010；竺乐庆等，2012)、蛋鸡声音去噪（曹晏飞等，2014）等，但这些属于声学技术在农业领域的一个研究方向，不属于人类语音的范围，需要有所区别。

第五节　研究内容

本书以 HMM 模型为声学模型，以 MFCC 为特征参数，面向非特定人和中等规模词汇量，研究不同农产品市场信息采集环境下的汉语普通话连续语音识别。研究以提高系统的识别率，增强系统在不同环境下的噪声鲁棒性为主要目标。侧重研究的内容为三音子声学模型的优化，倒谱域特征规整，语音信号的前端增强，以及后端的特征补偿。主要研究内容包括以下几个方面。

(1) 研究 HMM 模型的框架和基本问题，并在此基础上用 HTK 工具对训练集进行预处理和 MFCC 特征提取，以三音子为识别基元训练声学模型，建立一个农产品市场价格信息语音识别基线（Baseline）系统。

(2) 研究汉语语音中上下文的相关性，建立上下文相关的声韵母三音子模型，解决音节间的协同发音现象。并在标准的声韵母基础上进行了扩展，进一步减少建模基元的数量。对于三音子模型数量较多而产生的训练不充分问题，研究实现模型参数共享的方法。

(3) 为了减小因噪声带来的训练环境和测试环境不匹配现象，研究倒谱特征归一化方法，主要是倒谱均值归一化 CMN 以及倒谱方差归一化 CVN。利用两种方法在句子级实现特征的规整，以减小信道失真和外界的加性噪声的影响。

(4) 对谱减类的语音增强算法进行研究，包括多带谱减和在均方误差意义下具有最优谱减参数的 MMSE 谱减法。通过语音增强实现前端输入信噪比的提高，更有利于倒谱特征规整方法的发挥功效，特征规整方法又能有效去除语音增强所带来的信道失真和残留噪声，因此联合语音增强和特征补偿的方法又值得研究。

(5) 更进一步，将语音增强作为统计估计框架下的问题提出，基于短时幅度谱分析已知带噪信号的 DFT 分布，为估计纯净语音信号提供了先验知识，可以更精确的估计出纯净语音幅度。研究基于 MMSE 的幅度谱估计器和对数 MMSE 幅度估计器，再次联合 CMVN 并进行了验证。

第六节　章节安排

本书的组织结构安排如下。

第一章阐述了本研究背景和意义，对语音识别的发展历史、主流技术及各时期的代表成就与热点问题进行了梳理，并对语音识别的分类做了简单的介绍，对概率模型下的语音识别框架做了概括性的描述；还就影响语音识别的各种因素进行了介绍，提出语音识别的鲁棒性问题。

第二章重点介绍了语音识别的噪声鲁棒性问题，分析了噪声的种类，并对目前噪声鲁棒性方法的研究现状进行了综述。

第三章重点介绍了基于隐马尔科夫模型（Hidden Markov Model，HMM）的语音识别框架。对基于 HMM 的语音识别问题进行了数学描述，并详细阐述了要解决的 3 个基本问题和相应的算法。随后对 HTK 工具包进行了介绍，并以此为工具建立了一个农产品市场信息语音识别的基线系统。

第四章对语音识别系统声学模型的进行了优化，并采用倒谱特征规整方法提高鲁棒性。在建模单元的选取上以三音子为识别单元并做了改进，对三音子模型数量过多而产生的训练不充分问题，采用决策树状态聚类方法实现三音子模型的参数共享，在此基础上增加高斯混合分量的数目以提高模型的描述精确性。最后，对特征空间的倒谱均值归一化、方差归一化方法进行了研究。

第五章介绍了谱减算法的原理及其变种形式，对增强后产生的语音失真和音乐噪声问题，实现了一种联合谱减算法和特征补偿的算法。并对所提算法在几种不同的特定噪声环境下分不同的信噪比情况下进行了实验。

第六章是第五章的进一步深入，将语音增强问题放在统计估计理论框架下进行研究。根据贝叶斯准则，利用已知带噪信号 DFT 的先验分布，研究了基于短时谱线性 MMSE 幅度估计器以及对数 MMSE 幅度谱估计器，力图从带噪语音信号中估计出纯净语音幅度。在此基础上提出了一种联合 CMVN 进行补偿的算法并进行了相关实验，以验证算法的有效性。

第七章是对全书的总结和下一步工作的展望。

第二章　噪声鲁棒性语音识别的研究现状

近年来，语音识别技术取得了许多成果，其识别性能也在不断提高，在相对安静的环境下大规模连续语音识别结果令人满意。然而，当识别环境中存在噪声或者识别环境发生改变时，其识别性能就会急剧下降。造成这种性能下降的主要原因是训练环境和测试环境之间的不匹配，而噪声鲁棒性方法的主要任务是尽量减少这种不匹配。噪声鲁棒性（noise robustness）是指当输入语音质量退化，语音的音素特征、分割特征或声学特征在训练和测试环境中不一致时，语音识别系统仍然保持较稳定的特性（胡旭琰等，2013；马治飞，2006）。本章重点介绍当前噪声鲁棒性研究取得的成果。

第一节　噪声分类

一、加性噪声与乘性噪声

语音识别的效果主要受到以下一些因素的影响，包括：背景噪声、信道影响（或线性滤波噪声）、口音、Lombard 效应、语音本身的复杂多样性以及说话人自身声音变化（如健康或情绪等原因），上述各种因素中，信道影响与加性噪声是最为常见的因素（刘放军等，2006）。具体环境中，各种因素的影响程度也不尽相同，如在使用手机等移动设备进行农产品信息采集环境中，加性噪声往往占据主导因素。加性噪声最为常见，如汽车噪声、机器噪声、人群噪声、超市环境噪声等，而卷积噪声主要有麦克风的频响、墙壁的反射回音、电话线的回波噪声等。

设 $x[m]$、$h[m]$、$n[m]$、$y[m]$ 分别表示纯净语音、卷积噪声、加性噪声和带噪语音，则它们在时域的关系为（周阿转，2012）：

$$y[m] = x[m] \cdot h[m] + n[m] \tag{2.1}$$

为了度量带噪语音信号中噪声的含量或多少，引入了信噪比（Singal-to-Noise Ratio，SNR）的概念，其定义为：

$$SNR = 10 \log_{10} \left[\sum_{n=1}^{L} s^2(n) \bigg/ \sum_{n=1}^{L} d^2(n) \right] \tag{2.2}$$

其中，L 为某段时间内语音信号和噪声信号的长度，即采样点的个数。信噪比越大，表示信号中的噪声含量越少；反之，信噪比越小，噪声含量就越多。通常，信噪比的大小会直接影响语音识别的效果，信噪比越高则识别效果越好，反之较差。因此，早期人们设法提高输入信号的信噪比来提高识别率是噪声鲁棒性研究的一种重要思路。

二、噪声特性分析

按照上述噪声类别细分，加性噪声又可以分为冲击噪声、周期噪声、宽带噪声、语音干扰等，而非加性噪声主要是传输噪声、残响及传送线路回波等。冲击噪声如放电、打火、爆炸等瞬间发生的噪声，它的波形类似冲击函数的窄脉冲，可以通过求平均幅度值法或者相邻信号样值内插法在时域中消除冲击噪声。周期噪声最常见是机械设备周期性运转发出的噪声，如汽车发动机噪声、风扇转动、加工车间设备运转噪声。宽带噪声是随机噪声源产生的噪声，以及量化噪声等都可看做是随机噪声，即所谓的高斯白噪声（white noise）。其显著特点是频谱分布较为广泛，造成消除困难。传输噪声是指传输系统的电路噪声，它在时域是语音和噪声的卷积，不同于背景噪声，它属于非加性噪声，可以通过某种变换变成加性噪声。

农贸市场的环境噪声主要属于加性噪声，主要包括人群的嘈杂声、车辆发动机声以及装卸货物发出的机械摩擦声和碰撞声。功率谱密度反映不同声音信号的频率分布，图2-1描述了上述4种不同的声音信号的时域波形及其对应的功率谱密度。从图上可以看出，人群噪声和车辆噪声的频率主要集中在0~2 000Hz；碰撞噪声的频率分布则更为集中，主要分布在0~1 000Hz范围，而货物摩擦噪声的频率分布则较为广泛，在0~3 000Hz和5 000~7 000Hz都有分布。但总体看来，上述噪声的频率分布主要集中在0~3 000Hz范围，且能量总体上呈现出从低频向高频不断的衰减趋势。

第二节 噪声鲁棒性方法研究现状

近年来，围绕着提高语音识别的噪声鲁棒性这一目标，很多新的技术和方法被提出，使得语音识别得以应用到更多的领域。这些方法根据研究方向的不同大致分为三类：鲁棒性特征提取、语音增强技术和模型补偿。其中，前两类方法是在语音识别系统前端处理环节完成。第三类方法属于后端处理环节，目的是让识别器中的HMM模型更适应于实际环境（肖云鹏等，2010）。解决噪声问题的根本方法是寻求噪声和语音的自动分离，声场景分析技术（Shao, et al., 2010；关勇等，2009）和盲源分离技术（郭海燕等，2012；李鹏等，2009）是这个方向研究的新思路，但由于技术难度原因，这方面的研究进展不大。

一、语音增强

语音增强是从带噪语音信号中尽可能恢复纯净语音信号，提高输入信号的语音质量，使得恢复后的语音听起来比较舒服。从20世纪70年代以来，涌现出了较多新的语音增强方法，逐渐发展成为信号处理的一个重要分支（黄建军等，2012）。按照单通道和多通道方法分类，单通道增强的代表性方法主要有谱减法、维纳滤波、信号子空间法、语音参数模型法、基于统计模型的语音增强等，多通道方法主要是多麦克风阵列波束形成和自适应噪声。

维纳滤波是在高斯模型假设下的最小均方误差估计，从带噪信号中恢复出纯净语音

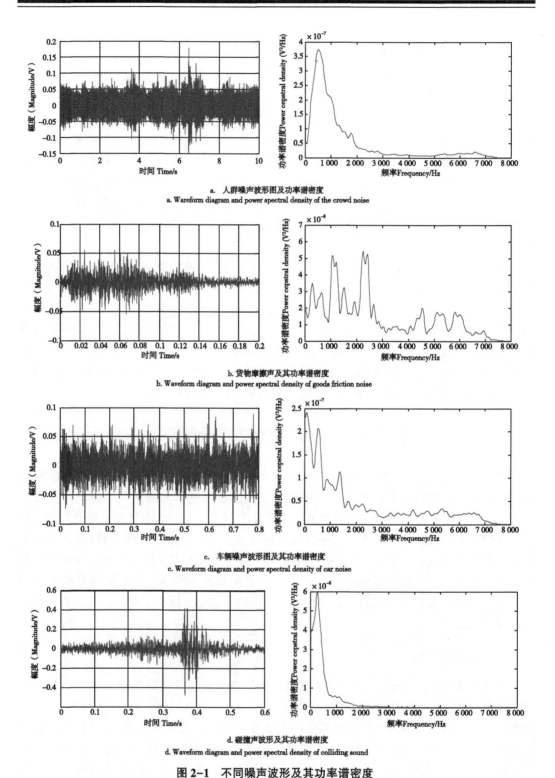

a. 人群噪声波形图及功率谱密度
a. Wareform diagram and power spectral density of the crowd noise

b. 货物摩擦声及其功率谱密度
b. Waveform diagram and power spectral density of goods friction noise

c. 车辆噪声波形图及其功率谱密度
c. Waveform diagram and power spectral density of car noise

d. 碰撞声波形及其功率谱密度
d. Waveform diagram and power spectral density of colliding sound

图 2-1 不同噪声波形及其功率谱密度

Fig. 2-1 Waveform diagram and power spectral density of different noises

信号的最优估计。维纳滤波是最优的谱估计，但并不是最优的谱幅度估计。由于语音信号的谱幅度对人类的听觉感知具有重要作用，基于统计模型的语音增强方法近年来受到关注及发展（Cohen，2005），其优点是建立的语音模型较为准确，缺点是模型建立时的计算量较大。但该方法仍旧是一个重要的研究方向，本书将重点研究该类增强方法。

近年来基于子空间的语音增强算法得到了很大发展。Yi Hu 等（2007）通过对语音和噪声的协方差矩阵的联合特征分解，获得一种基于子空间算法的最优估计，取得了很好的语音增强效果。吴北平等（2009）给出了一种基于子空间域噪声特征估计的语音增强方法，可以实现噪声特征值的连续估计和不断更新，适用于各种噪声条件。尽管信号子空间方法在语音增强中的应用已经得到了广泛的研究，但是作为制约子空间方法性能的子空间维度估计却一直没有得到较好的解决。针对信号子空间语音增强算法中的子空间选择和线性滤波器中噪声功率谱和拉格朗日乘子的估计问题，程宁等人（2009a）提出了利用目标语音概率最大化来确定信号子空间维度的方法。针对子空间维度估计问题，李超等（2011）提出了一种基于最大化原则的子空间维度估计方法，在接受原假设的前提下最大化子空间维度。近年来，国内外学者分别联合维纳滤波（张雪英等，2011）、小波包（贾海蓉等，2011a）、听觉掩蔽效应（贾海蓉等，2011b）等与子空间方法进行了探索，并取得了较好的实验效果。

非平稳噪声增强方法也取得了一定进展，其中类语音噪声的处理是语音增强的难点。基于盲源分离思想的混合语音分离和去噪算法不断被提出，如形成成分分析（MCA）、独立分量分析（ICA）、非负矩阵分解（NMF）等。基于字典学习的语音分离以及去噪方法更是成为近年来语音信号处理领域的热点（高明明等，2009；古今等，2009；吕钊等，2010）。国内学者黄建军等（2012）提出了一种基于二维时频字典学习的单通道语音增强算法，能有效去除非平稳环境下的噪声，增强后语音具有较好的听觉感受，且该算法对噪声能量不敏感。程塨等（2010）提出一种基于低频区和高频区的带噪语音特征的非平稳噪声估计方法，并结合人耳听觉掩蔽效应进行语音增强。针对IMCRA 噪声估计算法时延较大引起的噪声欠估计问题，张东方等（2012）提出一种改进型 IMCRA 非平稳噪声估计算法，适用于噪声功率变化范围较大的语音增强。赵鹤鸣等（2012）提出一种非平稳噪声环境下的噪声功率谱估计方法，采用非固定长度的时间窗跟踪含噪语音功率谱的最小值，解决了传统跟踪时延较大问题，比活动语音检测（Voice Activity Detector，VAD）和最小统计（Minimum Statics，MS）算法有更好的结果。

自适应噪声方法是多通道增强方法中一种非常有效的方法，噪声信号通常要将额外信道的信号作为一个参照，从主信道中减去参考信号达到去除噪声的目的（王海艳，2011）。多麦克风阵列波束形成（程宁等，2009b）借鉴雷达和声纳信号处理的方法，最直接的方法是延迟相加波束形成。

经过几十年的发展，虽然语音增强取得了许多可行的方法和成果，但在实际环境中特别是在低信噪比情况下，其增强的效果仍旧与期望有较大差距。实际环境中的类语音噪声和低频噪声是最难处理的两类非平稳噪声，这是阻碍传统语音增强算法进一步发展的障碍，也是今后要努力的方向。

二、鲁棒性特征提取

鲁棒性特征提取的目的是通过一些技术手段，来"净化"受噪声污染的语音特征，减小训练特征和识别特征的不匹配，最终达到提高识别率的目的。目前最常用的的声学特征基本都是基于傅里叶变换、线性预测以及倒谱分析等信号处理手段。梅尔频率倒谱系数（MFCC）（王让定等，2003）以及感知线性预测系数（PLP）（Hermansky，1990）是其中的典型代表。MFCC 和 PLP 参数主要涉及一些听觉感知方面的技术，并没有针对噪声做特别的考虑，但二者仍旧是当前语音特征提取时的首选。为了降低计算复杂度和提高计算精度，一些用于特征扩展、特征降维的线性变换方法也越来越受到重视，如线性区分分析（Linear Discriminate Analysis，LDA）、异质区分分析（Heteroscedastic Discriminant Analysis，HDA）（Saon，et al.，2000）、异方差线性判断分析（Heteroscedastic Linear Discriminate Analysis，HLDA）（Kumar，et al.，1997，1998；邹大勇等，2011）等方法。此外，为了解决特征向量的各维度之间不相互独立问题，最大似然线性变换（MLLT）、区域依赖的特征变换（RDFT）（Zhang，et al.，2006）等方法被提出，目的是使得变换后的方差数值主要集中在对角线上。寻求语音的鲁棒性特征是语音识别的一个重要研究方向，关键特征提取是否得当将会影响语音识别的性能。

为了进一步降低训练语音与测试语音之间的不匹配，可以在特征提取完成后对其进行归一化处理。算法主要包括：倒谱均值归一化 CMN（Viikki，et al.，1998），倒谱方差归一化 CVN（Jain，et al.，2001），倒谱均值方差归一化 MVN（Pujol，et al.，2006），倒谱直方图均衡 HEQ（De La Torre，et al.，2005），MVA（Chia-Ping，et al.，2007）。CMN 方法是特征规整算法的典型代表，可以较好的解决 non-stereo 环境下的问题，其缺点是一般只能用来补偿信道畸变的影响。HEQ 采用非线性变换，并且只对语音的特征参数进行变换，不需要在识别时预先知道噪声类型和带噪语音的信噪比，取得了比 CMN 更好的效果。也有人进一步将直方图法发展，提出了基于分位数的直方图均衡方法（Hilger，et al.，2001，2006），或者将 HEQ 与谱减法、VTS 结合（Segura，et al.，2002）起来，综合提高系统性能。近年来，杜俊等（2009）提出了一种新的用于鲁棒性语音识别的特征规整方法，它是利用引入一个指数因子来达到对倒谱分布形状进行规整的目的。为解决在低信噪比情况下的低识别率的问题，以声学参数 MFCC（Mel-frequency cepstrum coefficient）为基础，李银国等（2012）提出了一种基于统计阈值的倒谱均值方差归一化算法，该算法能进一步减小训练环境和测试环境的不匹配程度，从而提升了语音识别系统对环境噪声的鲁棒性。

针对语音识别性能受噪声干扰而显著降低的问题，周阿转等（2012）提出一种采用特征空间随机映射（RP）的鲁棒性语音语音识别方法，并应用于汽车驾驶环境下的语音识别系统。采用日本情报处理学会车载环境下语音识别数据库 CENSREC-2 进行实验分析，结果表明，随机映射特征使得汽车驾驶环境下的语音识别性能有了很大改善。Morales-Cordovillav（Morales-Cordovilla，et al.，2011）等提出了一种基于同步基音平均的鲁棒语音识别特征提取算法，对加性噪声的周期信号的自相关序列采用了两个估计值，并利用这两个估计值来提取 MFCC 作为鲁棒性特征。南洋理工大学的 Dehzangi

（2012）提出了一种使用持续输出编码的区分性特征提取算法，主要利用了特征变换技术来减小特征空间的冗余以提高语音识别效率。蔡尚等（2012）为了提高感知线性预测系数（PLP）在噪声环境下的识别性能，使用子带能量偏差减的方法，提出了一种基于子带能量规整的感知线性预测系数（SPNPLP），实验结果表明，SPNPLP 比 PLP 具有更好的噪声鲁棒性。胡旭琰等（2013）针对噪声环境下语音识别系统性能下降的问题，提出一种基于语音时频相关性的 Mel 特征矢量聚类补偿算法。采用 HTK 工具和 TIDIGITS 数据库加入不同类别噪声的语音测试结果表明，该算法在不同信噪比条件下，获得了较基于频域相关性聚类特征补偿算法更好的性能。

三、模型补偿

模型补偿是噪声环境下鲁棒性语音识别的一个重要分支，其基本思想是通过改变训练环境下模型的参数以适应测试环境，包括两类方法：一类是模型补偿，另一类是模型自适应技术。

常用的方法有并行模型联合（Parallel Model Combination，PMC）（Gales，et al.，1993b）、矢量泰勒级数（Vector Taylor Series，VTS）（Sagayama，et al.，1997），Jacobian 自适应（Sagayama，et al.，1997）等。PMC 方法通过单独训练纯净语音和噪声模型，当在噪声环境中进行识别时，通过噪声模型来补偿纯净模型以适应该噪声环境，取得了较好的识别效果。为了更好的计算噪声模型的参数，VTS 方法则采用泰勒级数展开项来计算噪声参数，取得了比 PMC 更好的效果。Jacobian 自适应可以看做一个简化的 VTS，通过线性的 Jacobian 行列式来调整噪声的参数，将噪声的微小变化反应到带噪语音的倒谱。

自适应技术常用的方法有最大后验自适应（MAP adaptation）（Gauvain，et al.，1994）、最大似然线性似然回归（MLLR）（Leggetter，et al.，1995a）HMM 参数自适应。MLLR 是通过对带噪语音的学习得到一组线性变换参数，利用这组参数对纯净语音的输出分布高斯参数进行变换，以达到拟合带噪语音的目的从而实现自适应。MAP 是通过最大化带噪语音的后验分布来直接调整模型参数，包括输出分布高斯函数的均值和方差，以及转移矩阵、高斯分量权重等。一般来说，由于 MAP 需要估计得参数较多，速度要比 MLLR 慢；数据较少时 MLLR 表现较好，但随着数据量的增大，MAP 表现出一定的优势（胡郁，2009）。

国内近年来在模型补偿方面研究的也取得了一定成果。杜俊等在模型域方面将区分性训练方法和噪声鲁棒性关联起来，提出了一种新的训练准则，即 MD 准则（杜俊，2009）。利用 KLD 距离度量两个词串的声学距离，并验证了比 MPE 准则更有效（贾海蓉等，2011；张雪英等，2011）。吕勇等（2010）针对最大似然线性回归算法线性假设的缺点，将多项式回归方法用于模型自适应，构建了基于最大似然多项式回归的非线性模型自适应算法。

以上分别从信号空间、特征空间、模型空间 3 个方面对噪声鲁棒性语音识别取得成果进行了综述，需要注意的是以下几个方面。

（1）大部分的噪声鲁棒性方法都有自己适用的范围，往往是要在一定的条件下，这些算法才能发挥其作用，而不是在所有情况下这些算法都适用。如 PMC 方法需要单独训练噪声模型，这样就需要事先能够获得这些噪声。

（2）当前的噪声鲁棒性方法对平稳噪声或缓变噪声取得的效果较好，但对于非平稳噪声或者是低信噪比环境下的语音处理仍旧效果不佳，当前噪声鲁棒性技术距离实际水平还有很大差距。

（3）噪声鲁棒性问题是一个非常复杂的问题，不是一个或两个方法所能解决的。因此，应考虑对语音增强、特征补偿、模型补偿等多种算法的有效结合，以提高系统的噪声鲁棒性，特别是低信噪比情况下的识别率（Kai，et al.，2012；雷建军等，2009）。要设计出高效的语音识别系统，现有前端方法的有机结合以及语音识别相关的信息的有效利用是关键（刘放军等，2006），也是以后研究的重点。

第三章 基于 HMM 框架的农产品价格语音识别

隐马尔科夫模型（Hidden Markov Models，HMM）理论基础是在 1970 年前后由 Baum 等人（Baum，et al.，1966，1970）建立起来的，在 20 世纪 80 年代中期 Bell 实验室的 Rabiner 等人对 HMM 做了深入浅出的介绍，人们逐渐对其了解和熟悉，进而成为人们关注的研究热点（王玉洁，2007）。由于能够较好的描述语音单元的变化，一种不断产生观察值（语音信号）的离散时间变化序列（内部隐含信息）的模型，近年来该模型已逐渐成为当前主流的语音识别框架。

第一节 HMM 模型

一、HMM 的概述

语音信号在短时间内（10~30ms）被认为是平稳的，可以用线性模型来描述。但整体来看是时变的，也必须使用时变参数模型来进行表示。但在分析时间内，可以将语音信号视为慢时变信号，这样就可以考虑用线性模型来表示，然后再将这些线性模型在时间上进行串联，这就是马尔科夫链（Markov 链）。但模型持续多少时间就必须变换参数难以确定，也就是说虽然 Markov 链可以来描述时变信号，但不能做到模型的变化与信号的变化完全一致（丁沛，2003；杜俊，2009；雷建军，2007）。

HMM 是建立在一阶 Markov 链基础之上的。它解决的第一个问题是用线性模型来描述短时平稳段的信号，解决的第二个问题是描述了每个短时平稳段向下一个短时平稳段跳转的过程。HMM 本身包含一个双内嵌式随机过程，即由两个随机过程组成：状态和观察值之间的统计对应关系由第一个随机过程描述，即前一个问题；与概率分布相联系的状态转移由另一个随机过程描述，即第二个问题。对于短时平稳的语音信号，不仅仅其参数是变化的，而且还存在信号间的跳转问题，对于如此复杂的变化，HMM 采用概率统计理论进行了很好的描述。对于观察者而言，只能看到观察值而并不能看到状态，区别于 Markov 链中两者的一一对应，状态的随机变化过程则隐藏在观察值随机变化的过程背后，即所谓的"隐" Markov 链（胡郁，2009）。

语音识别应用 HMM 需要做出几点假设。一是语音信号被切分成短时平稳段（帧），帧的转移是瞬间完成，不占时间；二是当前状态的输出观察值的概率只跟当前状态有关，与之前时刻的状态无关。虽然该假设不符合语音信号的实际情况，也是 HMM 的一个缺点，但这样做减少了参数的数量，便于问题的处理，因此被广泛采用（赵力，2012）。

二、HMM 的数学定义

对于语音识别 HMM 可定义为：$M = \{S, O, \pi, A, B\}$，其中，S 是模型中所有状态的有限集合，N 为状态的数目，$S = \{S_i | i = 1, 2, \cdots, N\}$。模型在 t 时刻所处的状态为 s_t，$s_t \in (S_1, \cdots, S_N)$。对于任何时刻 t，s_t 取 S_1，$\cdots$，S_N 中哪一种的概率只与前一时刻 $(t-1)$ 的状态有关，而与更前一时刻的任何状态无关。由此产生的状态序列 s_1，s_2，$s_3\cdots$ 是一条马尔科夫链，但该系统在任何时刻 t 产生的状态序列 s_t 是隐藏在内部的，不为外界所见，外界只能看见在该状态下的随机输出观察值 o_t（实际为语音特性向量），"隐"马尔科夫模型的名称由此得来。

O 是输出观察值的集合，每个状态可能的观察值数目为 M，则观察值序列为 $o_1, \cdots, o_M$，记 t 时刻的观察值为 o_t，其中 $o_t \in (o_1, \cdots, o_M)$。

A 是状态转移概率矩阵，即

$$A = \begin{bmatrix} a_{11} & \cdots & a_{1N} \\ \vdots & \ddots & \vdots \\ a_{N1} & \cdots & a_{NN} \end{bmatrix} \tag{3.1}$$

其中，a_{ij} 表示从状态 S_i 到状态 S_j 转移时的转移概率，$1 \leq i, j \leq N$ 且 $0 \leq a_{ij} \leq 1$，$\sum_{j=1}^{N} a_{ij} = 1$。

B 用来表示输出观察值概率的集合。$B = \{b_{ij}(x)\}$，其中 $b_{ij}(x)$ 表示从某个状态 S_i 到下一个状态 S_j 转移时观察值符号 x 的输出概率。根据 B 可以将 HMM 分为连续型和离散型 HMM：

$$\sum_{x} b_{ij}(x) = 1 \text{（离散型 HMM）} \tag{3.2}$$

$$\int_{-\infty}^{+\infty} b_{ij}(x) \, dx = 1 \text{（连续型 HMM）} \tag{3.3}$$

π 表示系统初始时的状态概率的集合。$\pi = \{\pi_i\}$，π_i 表示初始状态是 s_i 的概率，且所有初始概率累加之和应等于 1，即：

$$\pi_i = P[S_1 = s_i] \quad (1 \leq i \leq N) \tag{3.4}$$

$$\sum \pi_i = 1 \quad 0 < \pi_i < 1 \tag{3.5}$$

为了便于表示，常常将 HMM 简写为 $M = \{A, B, \pi\}$。如图 3-1 所示，可将 HMM 表示为两部分：一部分是 Markov 链，由 π、A 组成，表示输出的转移状态序列；另一部分是随机过程，由 B 描述，产生的输出为观察值序列（叶俊勇，2002）。

三、HMM 的三个基本问题

上述描述的 HMM 数学模型要应用于语音识别，还需要解决以下几个基本问题（Rabiner，1989）。

1. 前向—后向算法（Forward-Backward）

已知存在一个模型 $M = \{A, B, \pi\}$，对于一个给定的观察值序列 $O =$

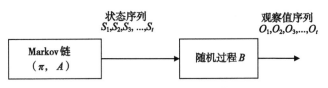

图 3-1　基本 HMM 组成方框图

Fig. 3-1　Block diagram of HMM

$\{o_1,\ o_2,\ \cdots,\ o_T\}$，要求计算模型 M 产生 O 的概率 P（O/M）（余华，2004）。若记 $\alpha_t(j)$ 为经过一系列的状态转移输出部分序列 o_1，o_2，$\cdots$，o_t 并且到在 t 时刻停留在状态 S_j 的概率，即前向概率，则算法的递推公式描述如下。

（1）初始化 $\alpha_0(1)=1$，$\alpha_0(j)=0$　（$j\neq 1$）。

（2）递推公式 $\alpha_t(j)=\sum \alpha_{t-1}(i)a_{ij}b_{ij}(o_t)$（$t=1,2,\cdots,T;i,j=1,2,\cdots,N$）。

（3）最后结果 $P(O/M)=\alpha_T(N)$。

首先令初始状态 S_1 的前向概率为 $\alpha_0(1)=1$，其他状态 $\alpha_0(j)$ 为 0，而其后状态的前向概率计算稍微麻烦。图 3-2 展示了在 t 时刻到达状态 j 时的前向概率计算过程。可以看出，要计算 t 时刻到达状态 j 的前向概率，就是要把 $t-1$ 时刻的所有状态的前向概率进行"汇总"求和，经过不断的递推，最终求出 T 时刻到状态 N 的总概率。

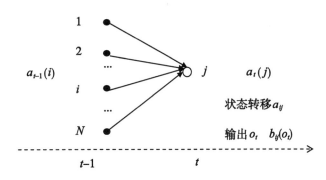

图 3-2　$\alpha_{t-1}(i)$ 与 $\alpha_t(j)$ 的关系示意图

Fig. 3-2　Relationship map between $\alpha_{t-1}(i)$ and $\alpha_t(j)$

类似于前向算法，后向算法是一种按照输出观察值的时间序列，从后往前递推计算得出后向概率的方法。后向概率可记作：$\beta_t(i)$，其表示的物理意义为 t 时刻在状态 i 的情况下，输出部分观察序列 o_{t+1}，o_{t+2}，$\cdots$，o_T 的概率。其递推过程如下。

（1）初始化。$\beta_T(N)=1$，$\beta_T(j)=0$　$j\neq N$。

（2）递推公式。$\beta_t(i)=\sum_{j=1}^{N}\beta_{t+1}(j)a_{ij}b_{ij}(o_{t+1})$（$t=T$，$T-1$，$\cdots$，1；$i$，$j=1$，2，$\cdots$，$N$）。

（3）最后结果。$P(O/M)=\sum_{i=1}^{N}\beta_1(i)\pi_i=\beta_0(1)$。

后向概率 $\beta_t(j)$ 与前向概率 $\alpha_t(j)$ 的关系可以用图 3-3 来示意。

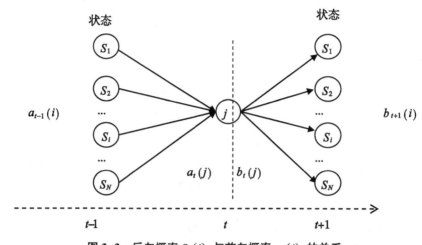

图 3-3 后向概率 $\beta_t(j)$ 与前向概率 $\alpha_t(j)$ 的关系

Fig. 3-3 Relationship map between a post probability $\beta_t(j)$ and the former probability $\alpha_t(j)$

2. 维特比（viterbi）解码算法

前向—后向算法解决了观察序列 $O = \{o_1，o_2，\cdots，o_T\}$ 在给定的模型 $M = \{A，B，\pi\}$ 中出现的概率问题，但并不知道该观察序列到底是经过了模型中的哪些状态产生的，因此还需要确定最佳状态序列 $S = s_1，s_2，\cdots，s_T$ 问题。这里最佳的意义就是指使得 $P(S，O/M)$ 最大，即使得观察序列 O 在 M 中的状态转移序列 S 中产生的概率最大。即需要找出这样的观察序列。

$$S^* = \underset{s}{\mathrm{argmax}} \quad P(S，O/M)$$

S^* 就是使得观察序列输出概率最大的观察序列，解决该问题的算法是 Viterbi，其递推过程描述如下。

（1）初始化 $\alpha'_0(1) = 1$，$\alpha'_0(j) = 0$ （$j \neq 1$）。

（2）递推公式 $\alpha'_t(j) = \underset{i}{\max}\alpha'_{t-1}(i)a_{ij}b_{ij}(o_t)t = 1，2,\ldots，T；i，j = 1，2,\ldots，N$。

（3）最后结果 $P_{\max}(S，O/M) = \alpha'_T(N)$。

该算法中，每次使得 $\alpha'_t(j)$ 最大的状态 i 组成的状态序列就是所求最佳状态。Viterbi 算法和前向—后向算法非常相似，区别在于，前向—后向算法每次求出的是所有可能状态的概率之和，而 Viterbi 算法每次求出的所有可能状态的最大值。

3. Baum—Welch 算法

该算法解决 HMM 模型的参数估计问题，即对训练 HMM 模型。对于给定的观察值序列 $O = \{o_1，o_2，\cdots，o_T\}$，该算法能够确定一个模型 $M = \{A，B，\pi\}$，使得 $P(O/M)$ 最大。利用递归的思想，Baum—Welch 算法使得 $P(O/M)$ 局部放大，最后得到优化的模型参数 $M = \{A，B，\pi\}$。可以证明，利用该算法的重估公式得到的重估模型参数构成的新模型 $\hat{M}$，一定有 $P(O/\hat{M}) > P(O/M)$ 成立（刘筠等，2008）。重复这个过程，模型的参数可以得到逐步调整，使得 $P(O/\hat{M})$ 收敛，此时的 $\hat{M}$ 就是我们要求的模型（李金娟，2007）。算法中有如下的重估公式。

$$\hat{a}_{ij} = \frac{\sum_t \gamma_t(i,j)}{\sum_j \sum_t \gamma_t(i,j)} = \frac{\sum_t \alpha_{t-1}(i)\, a_{ij} b_{ij}(o_t)\, \beta_t(j)}{\sum_t \alpha_t(i)\, \beta_t(i)} \tag{3.6}$$

$$\hat{b}_{ij}(k) = \frac{\sum_{t:\, o_t=k} \gamma_t(i,j)}{\sum_t \gamma_t(i,j)} = \frac{\sum_{t:\, o_t=k} \alpha_{t-1}(i)\, a_{ij} b_{ij}(o_t)\, \beta_t(j)}{\sum_t \alpha_{t-1}(i)\, a_{ij} b_{ij}(o_t)\, \beta_t(j)} \tag{3.7}$$

其中，$\gamma_t(i,j)$ 表示在 t 时刻从状态 S_i 到状态 S_j 的转移概率，表示如下。

$$\gamma_t(i,j) = \frac{\alpha_{t-1}(i)\, a_{ij} b_{ij}(o_t)\, \beta_t(j)}{\alpha_T(N)} = \frac{\alpha_{t-1}(i)\, a_{ij} b_{ij}(o_t)\, \beta_t(j)}{\sum_t \alpha_t(i)\, \beta_t(i)} \tag{3.8}$$

语音识别一般采用从左向右的 HMM 模型，所以初始状态的概率不需要估计，设定为 $\pi_1 = 1$，$\pi_i = 0$　$(i = 2, \cdots, N)$。

第二节　基于 HTK 的实验平台构建

本研究利用 HTK（HMM ToolKit）工具搭建了一个实验平台，以农产品价格语音信息为例开展面向非特定人的中小规模词汇量的连续汉语普通话识别，利用该平台实现语音的预处理，提取 MFCC 特征，进行模型训练和各种算法的测试。不采用任何抗噪声算法的自动语音识别系统称为基线系统（Baseline System），后续研究在基线系统的基础上加入各种抗噪声算法并进行比较。

一、语音数据库

语音识别的基本原理是将语音信号识别为文本，识别过程中需要从声学模型库中找出最有可能的模型，这些声学模型是经过事先训练的，训练需要按照一定的语法录制对应的声学样本。根据要识别价格语句的特点，即要识别的句子是基于限定词构成，且具有一定格式，因此本研究定义了一个简单的转换文法，按照文法结构来约束发音词汇。该转换文法实质上是对应一个状态转换图，根据该转换文法实现每个词的实例化以及一个词到下一个词的状态转换。转换文法定义如下（省略掉部分农产品名称）：其中 ＄name 表示农产品名称，以 ＄digit_ 开头的变量表示价格的数字部分。训练集和测试集利用该转换文法生成的录音脚本文件进行录制，脚本文件可以转换为单因素和三音素的形式对声学观察序列进行标注，从而进行声学模型的训练及后续的识别。

本研究所用的语料库主要是指语音库，包括训练集和测试集两部分，且测试集中的说话人不包含在训练集中。实验采集的语音为自己录制的 142 种鲜活农产品价格信息短语，其语法形式为"名称+价格"，如"白菜五毛""猪肉十一块六""鲜虾二十三"，价格短语根据语法随机生成，并考虑了农产品价格的语言习惯和构词方式。录音采用近似标准的普通话，训练集选择北京市的 2 处农贸市场采集，每处 20 人，其中男性 10 人，女性 10 人，共计 40 人，且南方口音和北方口音的人选是随机的。每人朗读 142 个农产品名称和随机生成的 50 个价格短语，共计 7 680 句话。测试集另外选择 6 人，3 男

3 女，每人 100 句，分多地录制，共计 600 句。录音设备选用各种型号的手机，主要有华为、三星、小米等，采样频率为 16KHz，文件格式采用 wav 格式，16 位编码，单通道。录音文件用 Adobe Audition 进行人工准确切分并标注。为方便起见，本语音库记为 AgriPrice（图 3-4）。

```
$digit_liang= 一|两|三|四|五|六|七|八|九;

$digit_1to9= 一|二|三|四|五|六|七|八|九;

$digi t_2to9= 二|三|四|五|六|七|八|九;

$digit= 一|两|三|四|五|六|七|八|九|十;

$name=鹌鹑蛋|荸荠|扁豆|菠菜|菠萝|菜花|菜薹|蚕豆|草莓|橙子|大白菜|大葱|大蒜|冬瓜|
豆芽|鹅|鹅蛋|番石榴|蜂蜜|佛手瓜|柑橘|橄榄|哈密瓜|海参|海带|海棠|海蜇|胡萝卜|瓠瓜|
华莱士瓜|滑菇|黄瓜|黄花菜|茴香|火龙果|鸡蛋|鸡肉|鲫鱼|荚豆|豇豆|茭白|节瓜|结球甘蓝|
芥蓝|金针菜|金针菇|韭菜|空心菜|苦瓜|辣椒|梨|李子|荔枝|莲藕|莲雾|龙眼|芦笋|萝卜|芒果|
毛豆|猕猴桃|蘑菇|木耳|木耳菜|木瓜|南瓜|柠檬|牛肉|枇杷|平菇|..........|杨梅|杨桃|洋葱|椰子|
伊丽莎白瓜|樱桃|油菜|柚子|原菇|枣|猪肉|竹笋|紫菜;

(SENT-START $name (([$digit_2to9] 十 $digit_1to9)|

([$digit_2to9] 十 [$digit_1to9] 块 $digit_1to9)|

($digit 块 [$digit_1to9])|

($digit_liang 毛 [$digit_1to9]))

SENT-END)
```

图 3-4 农产品价格语音识别转换文法

Fig. 3-4 Transform grammar definition of agriculutral prices speech recognition

二、MFCC 特征提取

语音中蕴含丰富的信息，但语音识别关心的是该语音对应的文本信息，因此进行语音识别必须提取能反应该信息的最有效特征，同时尽量减小数据存储量。特征提取是语音识别非常关键的步骤，特征参数选择的好坏直接影响语音识别的性能。MEL 频率倒谱参数（Mel- Frequency Cepstral Coefficients，MFCC）成为目前语音识别系统广泛采用的特征（李银国等，2013；王让定等，2003）。

事实上，人的听觉器官对声音高低的感知与信号频率并不成线性比例关系，而是近似成对数关系。在倒谱频率分析时，Mel 频率尺度更符合人类的听觉特性，因此基于 MFCC 的特征参数更为准确（胡政权等，2014）。Mel 频率与实际频率的关系可以用下式表示：

$$Mel(f) = 2595\lg(1 + f/700) \tag{3.9}$$

根据 Zwicher 的研究，临界频率的带宽呈现分段变化特征，在 1 000Hz 以下成线性分布，而 1 000Hz 以上呈现对数分布（王易川等，2011）。MFCC 特征的提取首先将信号频率转换为 Mel 频率尺度，再变换到倒谱域得到倒谱系数。其计算过程如下。

（1）首先进行预处理，包括分帧、预加重、加窗等。

（2）对信号进行短时傅里叶变换得到信号频率谱。

（3）求频谱幅度的平方，即得到能量谱，再采用一组三角滤波器在频域对能量进行带通滤波。滤波器的个数通常与临界带的数目相近。

（4）对滤波器的输出取对数，然后做逆傅里叶变换即可得到 MFCC。MFCC 参数的计算过程如图 3-5 所示。

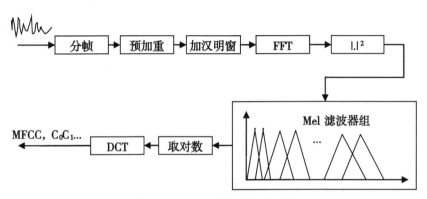

图 3-5　MFCC 参数的计算过程

Fig. 3-5　The calculation process of MFCC parameters

本实验采用的是 39 维的 MFCC 特征，包括 12 维的静态特征（MFCC1～MFCC12）和 1 维能量以（C0）及它们的一阶差分（$\Delta MFCC$）和二阶差分（$\Delta^2 MFCC$）系数。差分系数中包含语音谱中的动态特征，生成动态特征的过程可以部分的消除背景噪声和信道失真造成的倒谱偏差，因此经常将它们和静态特征一起使用。本实验中提取 MFCC 特征为 MFCC_ 0_ D_ A，其他的一些声学参数设置为：分析帧长度 25ms，帧间重叠 10ms，加汉明窗，预加重系数为 0.97，滤波器组的个数为 26，倒谱加权滤波器的个数为 22。

三、声学模型的设置

在连续语音识别中，声学建模基元的选择可以是孤立词（Word）、音节（Sylabble）、声韵母（Initial/Final）、音素（Monophone）等。汉语有无调音节 400 多个和 1 300多个有调音节。若进行上下文无关的建模，音节是较好的选择。但汉语连续语音的音节间协同发音现象比较多，音节建模很难描述这种变化。音素（Monophone）易受前后发音的影响，没有反应出汉语语音的特点，通常得不到很好的识别结果。由于三音子考虑了上下文之间的协同发音现象，可以较好的反应语音之间的过渡特征，比单音素、单词建模有稳定的特征，因此三音子（Triphone）建模成为当前主流的声学建模方法（李净等，2004；倪崇嘉等，2009；蒲甫安等，2012）。使用三音子模型可以明显改进识别系统的性能，有效提高识别率，但因为同时考虑了上下文语句的影响，因此与上下文无关时相比会产生大量的三音子模型。本书基线系统对语音识别单元的建模采用上下文相关的三音子（Triphone）建模。

HMM 模型的结构上采用自左向右的无跳转模型，其中第一个状态为起始状态，最后一个状态为终止状态，中间为输出状态。每个三音子模型有 5 个状态，静音模型'sil'也包括 5 个状态，语音之间的停顿模型'sp'包括 3 个状态，且与静音模型的中间状态绑定在一起。HMM 模型结构如图 3-6 所示。

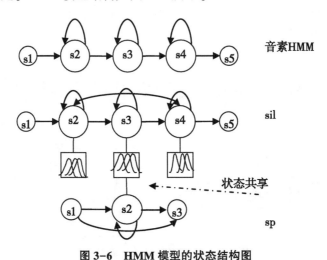

图 3-6　HMM 模型的状态结构图

Fig. 3-6　The diagram of HMM states

输出观察值的统计特征由多个高斯混合分量叠加而成连续混合密度 HMM 描述（Continuous Mixture Densities HMM，CMHMM）。另外，考虑到对角协方差结构高斯混合模型的合理性和计算方便性，每个高斯分量的协方差矩阵采用对角协方差矩阵，各维特征在高斯分量级别上互不相关的，这样 CMHMM 模型参数较少，对训练数据量要求不高。对上述每个 HMM 状态的输出概率常用混合高斯模型（Guassian Mixture Model，GMM）来描述，即：

$$b_i(x) = \sum_{m=1}^{M} w_{im} \frac{1}{(2\pi)^{D/2} |\Sigma_{im}|^{1/2}} \exp\left[-\frac{1}{2} (x - \mu_{im})^T \Sigma_{im}^{-1} (x - \mu_{im}) \right] \quad (3.10)$$

其中，M 是高斯混合分量的数目，w_{im} 是第 i 个状态的第 m 个高斯混合分量的权重，D 是观察特征向量 x 的维数，μ_{im} 和 Σ_{im} 分别是均值向量和协方差矩阵。相对于单高斯模型，混合高斯模型以每个单高斯模型的均值为中心，把当前状态输出观察值特征空间分为 M 个子空间，然后对每个子空间用单独的函数来描述，这样每个描述的区域相对减小，模型描述能量更为精细（Povey, et al., 2011）。

四、识别性能的评价标准

对于以句子或文章为识别对象的连续语音识别系统，虽然可以直接利用句子识别率来评估系统性能，但是语句识别率往往受到句子的数量影响，如果句子较少则句子识别率很难有说服力。因此，连续语音识别中一般用音素、音节或单词的识别率来评测系统性能。除了正确率外，错误数中还要考虑替代错误、插入错误和删除错误（脱靶）所占的数量多少。一般常用的系统指标有正确率（Percent Correct），错识率（Word Error Rate）和识别精度（Accuracy），正确率公式如下：

$$\%Corr = \frac{N - S - D}{N} \times 100 \tag{3.11}$$

其中 N 为识别总数，S 为替代错误数，D 为删除错误数，I 为插入错误数。错误率（Word Error Rate）为 $\%WER = 1 - \%Corr$，精准率为：

$$\%Acc = \frac{N - S - D - I}{N} \times 100 \tag{3.12}$$

通常用识别性能的提高用误识率下降（Error Rate Reduction，ERR）程度来衡量，其表示为：

$$\%ERR = \frac{\%WER_{prev} - \%WER_{present}}{\%WER_{prev}} \tag{3.13}$$

第四章　系统的三音子模型优化及特征规整

本章将结合农产品市场信息采集的环境特点，选择适当的鲁棒性方法对第 3 章提出的基线系统（Baseline System）进行进一步优化，从声学建模和特征规整方面改善系统性能。

第一节　扩展的声韵母建模基元

一、汉语语音学特点

汉语语音音系简单，音素是最小的发音单元，汉语中大约有 60 个音素，但音素建模不能反映汉语的特点。相对于声韵母建模，音素显得不够稳定。汉语大约有 400 个无调音节，若考虑每个音节有 4~5 个声调，也不过 1 330 多个有调音节。音节的结构比较简单。汉语标准音指的是北京语音，在中国又称为普通话（Mandarin）。本书研究的内容不考虑方言，只考虑普通话。此外，虽然地区口音差异也会影响语音识别的效果，但并非本书重点研究的内容。

汉语由音素构成声母（Initial）或韵母（Final）。汉语是有调语言，通常认为有 5 个声调，将带声调的韵母称为调母。单个调母或者调母与声母构成音节（Syllable）。汉语的一个音节就是汉语一个字的音，即汉语是音节字。由音节字构成词（Word），再由词构成句子。

二、汉语声母结构

汉语声母总共 22 个可分为六大类（李燕萍，2009）：擦音、塞音、塞擦音、边音、鼻音、零声母。除零声母外，其他所有声母全部都是单辅音。

（1）擦音。包括 f, h, s, sh, x, r 6 个。其明显特点是在频谱图上有持续时间较长的噪声频谱。

（2）塞音。包括 b, d, g, p, t, k 6 个，其中前 3 个是不送气塞音，后三个是送气塞音，它们都是清塞音。

（3）塞擦音。包括 zh, z, j, ch, c, q，其中前 3 个为不送气塞擦音，后 3 个为送气塞擦音。

（4）边音。普通话里只有一个边音 l，如"零"的声母。

（5）鼻音。普通话包含两个鼻音 m, n（ng）。

（6）零声母。直接以元音开始的音节里的声母，即没有声母、只有韵母的情况，分两种情况：一类是非开口呼的零声母，指那些以 i，u，ü 起首的音节里的声母；另一类是开口呼的零声母，如"藕"字（ou），就没有声母，称为零声母。

三、汉语韵母结构

普通话的 38 个韵母大致可分为 3 类：8 个单韵母，如 a，o，e；14 个复韵母，如 ai，ei，ao；16 个鼻韵母，如 in，iang，ing 等。在这些韵母中有 3 个特殊韵母。

（1）i 有两种发音，即【ɿ】资韵和【ʅ】知韵。在【ɿ】前的声母只能有 z，c，s；在【ʅ】前的声母只能有 zh，ch，sh，r。

（2）er【ɚ】是儿化音，很少用到。

（3）ê【ɛ】，常在 ie 韵尾中用到。

四、扩展的声韵母识别基元定义

汉语语音识别的建模单元主要包括音素（Phone）、音节（Syllable）、词（Word）、声韵母（Initial/Final）等形式（Liu, et al., 2011）。音节建模在上下文无关的语音识别中可以取得较好效果，但汉语音节间协同发音现象严重，一般要考虑上下文的关系，此时若采用音节作为识别基元，基元的数目将会变得非常庞大，声学模型的规模将会变得无法接受。因此，对于连续语音识别而言，不宜采用音节建模。声韵结构能反应汉语的发音特点，是汉语的特有结构，上下文关系比较明确，而且有相关的语言学知识可以利用。虽然有些研究采用标准的声韵母（即汉语拼音方案中的声母和韵母表）结构作为建模单元，但本书认为从语音识别角度考虑不够细致深入，原因是：当使用标准的声韵母建模时，有些音节只有韵母部分而没有声母，当考虑上下文的关系时，这些韵母既可以连接声母，也可以连接韵母，因此产生的三音子模型的数量会非常巨大，达 10 万之多。出于语音学的考虑，本论文对标准的声韵母表进行了扩展，即采用了上下文相关的扩展声韵母三音素（Extended Initial/Finial Triphone，X-IF Triphone）模型。如表 4-1 所示。

表 4-1　扩展的声韵母基元

Table 4-1　Extended initial/finial unit

类型	声母基元（22 个）	韵母基元（38 个）
基元列表	b，p，m，f，d，t，n，l，g，k，h，j，q，x，zh，ch，sh，z，c，s，r，null	a，o，e，ai，ei，er，ao，ou，an，en，ang，eng，ong i，ii，iii，ia，ie，iao，iou，ian，in，iang，ing，iong u，ua，uo，uai，uei，uan，uen，uang，ueng ü，üe，üan，ün

与标准声韵母表相比，增加了一个零声母 null。零声母是指那些直接以元音开始的音节里的声母，即没有声母、只有韵母的情况。如鹅（e）蛋、鸭（ia）肉、莲藕（ou）梅、鹌（an）鹑蛋、原（üan）菇等。另外，出于语音识别的考虑，对 ji/qi/xi， zi/ci/si 以及 zhi/chi/shi 中 i 的发音差异，分别表示为 i，ii，iii。这样在使用扩展的声韵母作为识别单元时，与使用标准声韵母建模相比，每个韵母前后只能是声母的形式，即"声母–韵母+声母""声母+韵母""韵母–声母+韵母""声母–韵母"4 种形式中的任意一种，不会出现韵母和韵母相邻的情况。采用这种方法，可以使得模型的数量减少到 3 万左右（李净等，2004；李曜等，2007；徐向华等，2004）。其带来的好处是不但缓解了数据稀疏问题，同时，还可以有效的减少插入错误的发生，其性能也优于标准声韵母建模基元。

第二节　基于决策树的状态共享

三音素模型的建立，由于考虑了上下文的影响，在增加模型稳定性和精确度的同时，会使得模型的数量急剧增加（李春等，2003；徐向华等，2004）。因此，如果训练语料不够多或者是在训练语料数量受限的情况下，每个三音子模型得到的训练样本的数量就相对减少，模型训练不充分，即所谓的数据稀疏问题。基于决策树的状态聚类是目前广泛认可的参数共享方法（Wang, et al., 2012）。状态聚类的主要目的是：①通过减少系统中独立状态的数目，降低识别过程的计算复杂度和内存消耗，提高系统的实时性；②减少模型训练时的待估参数数量，增强模型的鲁棒性。状态聚类时，为了维护模型的时间结构特性，保证状态聚类精度，只对属于同一音素的三音子模型（即异音模型，allophone）的同一状态聚类。

一、决策树的构造

决策树是一棵二叉树，每个结点都附带了一个问题，问题的答案是 yes 或者 no，所有进入根结点的 HMM 状态都要回答结点上绑定的问题，根据回答情况选择进入左子树或者右子树。最初，所有状态被集中在一起（通常是同一中心音素的同一状态），同时被放到树的根结点上，形成一个状态池。对每个结点，状态池按照一定的分裂准则被成功的分裂，当满足一定的停止分裂规则时停止分裂。直到状态向下渗透到达叶子结点。所有在相同叶子结点的状态被认为是相似的，被绑定（tied）到一起，即实现状态参数共享（state shared）。决策树状态共享是一种基于数据驱动和知识规则相结合的方法，与单独使用数据驱动的方法相比，它能够对训练数据稀疏的基元和没有训练样本的基元给出适当的参数估计，即具有预测训练语料中看不到的三音子的能力（韩兆兵等，2003）；与基于知识规则的方法相比，它能够弥补专家知识的不足，决策树的生成过程中将语音学、语言学和声学知识结合起来，根据专家知识指导决策树的分裂，从而提高模型的准确性（齐耀辉等，2013）。另外，基于决策树的状态聚类还可以根据训练数据的多少来调整模型的数量。

决策树聚类的基本思想是首先根据专家设计的问题集，选择相似度度量标准和结点停止分裂准则。采用的的分裂准则是最大似然（Maximum Likelihood，ML）准则，选择结点分裂后似然值增加最大的问题作为该结点绑定的问题。然后，每次进行结点分裂时，要从问题集中选择一个最优的问题，按照该问题进行分裂。结点停止分裂的准则可根据训练样本的数目进行控制，或者当结点分裂后的似然值增加小于一定的阈值时，停止分裂。分裂时结点的训练样本要到达一定的数目，通常是根据经验设定一个门限值，当小于这个门限值时停止分裂。最后要对得到的上述终结点进行合并，合并的结点称为叶结点，所有叶结点的状态共享参数。决策树状态聚类是音素相关、状态相关的，不同中心音子或同一中心音子的不同状态不会被共享，因此需要为每个三音子的每个状态建立一棵决策树。决策树的构建过程如图 4-1 所示。

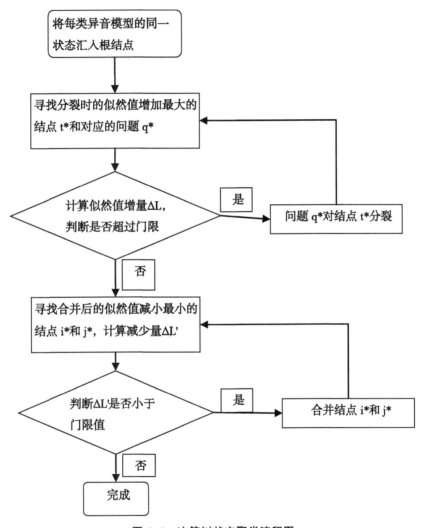

图 4-1　决策树状态聚类流程图

Fig. 4-1　The flow chart of decision tree state clustering

构建决策树需要考虑二值问题集的设计，结点分裂准则，停止分裂准则以及合并准则。

图 4-2 展示了以发音'ai'为中心的异音模型三音子的第三个状态的聚类过程，通过回答二值问题，具有相似发音特点的三音子模型被聚类到同一叶子结点上，形成一个捆绑状态。

二、二值问题集的设计

二值问题集就是对结点进行分裂时要回答的问题，结点按照哪个问题进行分裂，该问题就会绑定到该结点。根据语音学的知识，三音子模型的问题集是关于中间音子的左边音子或右边音子是否属于某一类发音的问题。二值问题一般根据声母和韵母的发音方式或者相似性进行设计。在汉语中声母的发音主要是根据发音方式和发音部位不同进行区分。如表 4-2 所示。

表 4-2　声母的发音方式和发音部位

Table 4-2　the pronunciation manner and position of initials

方法 \ 部位		双唇音	唇齿音	舌尖音	卷舌音	舌面音	舌根音
清音	塞音	b　p		d　t			g　k
	塞擦音			z　c	zh　ch	j　q	
	擦音		f	s	sh	x	h
浊音	鼻音	m		n			
	边音			l			
	通音				r		

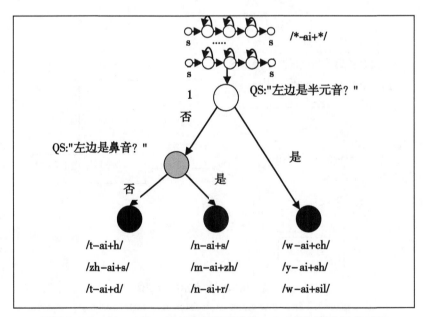

图 4-2　以'ai'为中心的三音子模型的第三个决策树状态聚类过程

Fig. 4-2　**The procedure of decision tree state clustring, a case of the 3rd state of triphone 'ai' centered**

对于韵母而言，若不考虑声调，可以根据其构成和韵头的差别分类。根据组成结构分为单韵母、复韵母和鼻韵母，根据韵头可以分为开口呼、齐齿呼、合口呼、撮口呼四类。其划分情况见表4-3。

表4-3　韵母分类及发音方式

Table 4-3　the finals classification and pronunciation manner

		开口呼	齐齿呼	合口呼	撮口呼
单韵母		a, o, e, er, ii, iii	i	u	v
复韵母	前响	ai, ei, ao, ou			
	后响		ia, ie	ua, uo	ve
	中响		iao, iou		
鼻韵母	舌尖	an, en	ian, in	uan, uen	van, vn
	舌根	ang, eng	iang, ing	uang, ong	iong

下面来设计问题集，首先对声母进行设计。首先考虑对声母表中的每个声母以及零声母 null 分别设计一对问题，以声母 b 为例，其左问题和右问题的形式如下。

QS "L_ b" ｛ b - * ｝（左问题，表示："当前音子的左边是 b?"）

QS "R_ b" ｛ * + b ｝　　（右问题，表示："当前音子的右边是 b?"）

这样共有 22 对声母的问题集，然后根据声母表中发音部位或发音方式进行并交非运算扩展出若干组合问题集。如根据发音部位 b 可以和 p，m 组合形成双唇音集合，也可以根据发音方式与 p，t，d，g，k 组成塞音集合，甚至可以和所有的清音组合成更大清音集合；zh、ch、sh、r 可以组成卷舌音集合，m、n、l、r 可以组成浊音组合等。

对韵母的问题集设计，首先对每个韵母可以建立一对问题集。对于单韵母，决定元音音色的主要因素是舌头的形状及其在口腔中位置（舌位）、嘴唇的形状（口形）等。舌位高度有高、中、低，舌位前后分前、中、后，口形有圆唇音和不圆唇音。根据这些分类，可以设计单韵母的问题集。对于复韵母，本身就有前响、中响、后响三种分类，可以设计三类问题集。还可根据韵尾相同的复韵母对后续声母的影响是相同的，韵头相同的复韵母对前向声母的影响是相同的，找出符合这些条件的组合，设计相应的问题集。鼻韵母的问题集与复韵母类似。对于所有的韵母，还可以根据四呼、韵头、韵尾进行分类组合，每一类设计新的问题集。

根据以上的思路，本研究共设计了 170 多种问题集，部分问题集如表 4-4 所示，基本包括了语音学中声母和韵母的分类可能，使得在决策树聚类过程中能找到最好的分类问题，生成的决策树能更好描述某个特定的三音子单元的聚类过程。

表4-4　二值问题集示例

Table 4-4　examples of binary question sets

问题含义		二值问题
右边是塞音?	"R_ Stop"	｛ * +b, * +d, * +g, * +p, * +k, * +t｝

（续表）

问题含义	二值问题
右边是塞送气音？	"R_ Aspirated"　　{ * +b, * +d, * +g}
右边是塞不送气音？	"R_ NonAspirated"　　{ * +p, * +k, * +t}
左边是塞音？	"L_ Stop"　　{b- * , d- * , g- * , p- * , k- * , t- * }
右边是含 a 的韵母？	"R_ TypeA_ Vowel"　　{ * +a, * +ia, * +an, * +ang, * +ai, * +ua, * + ao}

三、结点分裂准则

在基于决策树的状态聚类过程中，常用的结点分裂标准是最大似然标准，其构建过程如下：首先对所有的上下文相关的三音子模型，建立若干个集合 P = {异音模型的同一状态}，对每一个集合 P 建立一棵决策树。决策树的根结点中包含所有集合 P 中的所有元素，决策树的每一个子结点都对应 P 的一个子集。当决策树的某一个父节点 t 利用二值问题 q 分裂为两个子节点时，假设 $L(t)$ 是分裂前结点 t 的对数似然值，$L_y(t, q)$ 和 $L_n(t, q)$ 分别是结点 t 分裂后左右两个子结点的对数似然值。结点每次分裂都是依据下式选择最先分裂的结点 $t*$ 和对应的最优问题 $q*$，

$$(t*, q*) = \underset{(t, q)}{\mathrm{argmax}}(L_y(t, q) + L_n(t, q) - L(t)) \tag{4.1}$$

当似然值的增加满足下式：

$$\Delta L = L_y(t*, q*) + L_n(t*, q*) - L(t) \geq TB \tag{4.2}$$

结点 $t*$ 分裂，TB 是结点分裂的似然值增益门限。

四、结点停止分裂

为了保证每个结点都有分裂后都有充分的训练样本，需要对设置结点停止分裂的条件，通常是根据经验设置结点训练数据的最低门限 RO，如果分裂结点的训练数据量低于这个门限，则结点停止分裂，并把该结点标记为终结点。设结点的训练数据量为 N^t，再结合公式（4.2），当结点 t 满足下列条件之一时就停止分裂。

$$\Delta L = L_y(t*, q*) + L_n(t*, q*) - L(t) < TB \tag{4.3}$$

$$N^t < RO \tag{4.4}$$

五、结点合并

结点合并是对上面得到的终结点的合并。通过计算两个终结点合并后造成的似然值的损失，如果两个终结点合并后造成的似然损失最小，并且低于设定的似然值增益门限 TB，则将这两个终结点合并。合并的具体过程为：首先找出合并后似然值损失最小的两个终结点 $(i*, j*)$，

$$(i*, j*) = \underset{(i, j)}{\mathrm{argmin}}(L(i) + L(j) - L(i \cup j)) \tag{4.5}$$

其中 $i \cup j$ 表示 i, j 合并后的终结点，再判断

$$\Delta L' = L(i*) + L(j*) - L(i* \cup j*) \overset{?}{<} TB \qquad (4.6)$$

如果满足上式，则将 $i*$，$j*$ 合并为叶结点。

第三节　增加高斯混合分量

单高斯分布函数的 HMM 模型一般不能精确的描述声学空间的特征，往往需要增加分布函数的分量个数，声学模型由一个 HMM 模型来描述，而 HMM 模型的每个状态可以使用混合高斯模型来描述。常用的高斯分量分裂法每次增加 1 个或 2 个混合分量，具体的，当某个高斯函数 $N(c_k, \mu_k, \Sigma_k)$ 分裂成两个高斯分量：$N(c'_k, \mu'_k, \Sigma'_k)$ 和 $N(c''_k, \mu''_k, \Sigma''_k)$ 时，各参数之间的关系是：

$$\begin{cases} \mu'_k = \mu_k + \varepsilon\delta_k^2 \\ \mu''_k = \mu_k - \varepsilon\delta_k^2 \\ \Sigma'_k = \Sigma''_k = \Sigma_k \\ c'_k = c''_k = c_k/2 \end{cases} \qquad (4.7)$$

这里 ε 是一个小的扰动，δ_k^2 是对角协方差矩阵 Σ_k 的对角线元素。一般来讲，在训练数据充分的条件下，在一定的限度内增加高斯混合分量的数目，可以提高模型的声学分辨率，增强模型的区分度，进而提高系统的识别率。但并不是高斯混合数目越多就越好，因为随着混合分量的增加，计算量就会迅速增加，模型的存储空间也会发生明显的增大，这些都是难以接受的。同时，当训练数据有限时，高斯混合数再继续增加时，用于估计每个高斯分布参数的样本就相对减少，参数估计的精确度就降低，而且高斯分布之间还会出现重叠现象。

第四节　倒谱特征归一化

通常在语音特征提取完成后，再对特征进行归一化处理，进一步减小训练特征和测试语音特征的不匹配程度，提高识别系统的鲁棒性。该类算法主要包括倒谱均值归一化（Cepstral Mean Normalization，CMN）（Atal，2005）、倒谱方差归一化（Cepstral Variance Normalization，CVN）（Viikki，et al.，1998）、均值方差归一化（mean-variance normalization，MVN）等。

实验采用了 CMN 和 CVN，二者合一也称倒谱均值方差归一化（Cepstral Mean Variance Normalization，CMVN）。CMN 在倒谱域中去除了直流分量（蒲甫安，2012），而这些直流分量中包含大量的信道失真，而 CVN 对方差的进一步归一化，减小了带噪语音和纯净语音信号的概率密度函数的差异。

MFCC 是语音识别中常用的参数设置，具有良好鲁棒性特征（王让定等，2003）。特别地，传输通道对输入信号的影响是通过信道传递函数和声音频谱相乘实现（即卷积噪声）（Young，et al.，2006）。在对数倒谱域，这种相乘变成简单的相加，可以从所有输入信号中减去倒谱均值分量。实际应用中，倒谱均值必须通过一定数量的输入数据中估计得出，因此这种减法并不完美。这种方法虽然简单却非常有效，尤其是在需要弥补长时谱效应的应用中，比如由不同的麦克和声道引起的偏差。

设一段语音信号的特征序列为：

$$O = \{o_1, \ o_2, \ \cdots, \ o_t, \ \cdots o_T\} \qquad (4.8)$$

其中 T 为序列的时间长度，其均值和方差分别为：

$$\mu = \frac{1}{T} \sum_{t=1}^{T} o_t \qquad (4.9)$$

$$\sigma^2 = \frac{1}{T} \sum_{t=1}^{T} (o_t - \mu)^2 \qquad (4.10)$$

倒谱均值归一化（Cepstral Mean Normalization，CMN）或倒谱均值减（Cepstral Mean Subtraction，CMS）定义为：

$$\bar{o}_t = o_t - \mu \qquad (4.11)$$

信道产生的噪声一般为卷积噪声，在对数倒谱域变成求和，因此倒谱向量 o_t 可以看做纯净语音信号倒谱 s_t 和信道噪声倒谱 h_t 的和，即有 $o_t = s_t + h_t$。

对相同的麦克而言，其统计特性几乎认为固定，可以认为 $h_t \approx h$，当进行 CMN 时有

$$\begin{aligned} \bar{o}_t &= o_t - \mu = s_t + h_t - \mu \\ &\approx s_t + h - \frac{1}{T} \sum_{i=1}^{T} (s_i + h) \\ &= s_t - \frac{1}{T} \sum_{i=1}^{T} s_i \end{aligned} \qquad (4.12)$$

可以看出，经过 CMN 消除了信道产生的卷积噪声干扰。同时对于加性噪声，当信噪比较大时，即语音信号中混杂的噪声较少时，CMN 能起到很好的效果（Chia-Ping, et al., 2007）。

倒谱方差归一化（Cepstral Variance Normalization，CVN），其定义为：

$$\hat{o}_t = \frac{o_t - \mu}{\sigma} \qquad (4.13)$$

即先进行均值归一化，再除以标准差。可以看出，CVN 不仅具备了 CMN 的特征，同时还具有非线性部分，不仅移除了噪声信号引起的均值偏移，不同的信号段有不同的方差，当除以方差时压缩了特征空间的取值范围。另一方面，从公式的形式来看，使得规整后的序列更接近高斯分布。

使用 CMN 和 CVN 要注意的几个问题。

（1）对训练集和测试集要么同时使用 CMN 或 CVN，要么都不使用。因为经过上述变换后，原特征空间会变化到另一特征空间，要保持训练数据和测试数据的特征空间一致性，否则会造成不匹配。

（2）无论 CMN 还是 CVN，都不能有效的区分静音段和有效语音段，在计算均值和方差时都会把静音段包含到一起求取。当一段语音段中的静音部分较多时，必然会影响均值和方差，进而影响识别率。

（3）若 T 非常大，即特征序列取得时间非常长，则均值和方差的计算会需要准备更多的数据，因而产生较多延迟，不利于实时系统的应用。考虑到本书要识别的句子一般较短，每句话的特征序列长度在 20~40 帧的范围，对实时性的影响不大。

（4）虽然 CMN 或 CVN 对信噪比较低的语音段识别率有较大提高，但在使用 CMN 或 CVN 对特征空间进行变换时，会对原来的特征空间产生一定的影响，特别在信噪比较高时，系统的识别率会有轻微下降。

第五节　实验及分析

本节实验采用的数据库是第三章第二节中所述数据库，采用 HTK 工具进行实验。

一、三音子模型识别实验

本实验主要任务是建立农产品价格语音识别平台，并在此平台上验证扩展的声韵母三音子（eXtenden Initial /Final Triphone，简称 XIF-Triphone）模型的有效性。首先利用单音素（Monophone）为识别单元进行建模，以男性和女性的全部训练样本进行训练得到单音素混合模型，以男性的全部样本得到单音素男声模型，以女性的全部样本训练得到单音素女声模型；将单音子声韵母进行扩展，生成上下文相关的声韵母三音子模型，然后分别以该三音子建模成三音素混合模型、三音素男声模型，三音素女声模型。混合模型在测试时不区分性别，男声模型仅用于男测试集，女声模型用于女测试集，得到的测试结果如表 4-5 所示。%Correct 表示句子的正确率，%Corr 表示词识别正确率，%Acc 是识别精准度，其定义按照第三章第二节所述。

从实验数据可以看出，三音子模型明显优于单音素模型的识别性能，从识别精准度来看，对男测试集，三音素混合模型比单音素混合模型提高了 10.08%，三音素男声模型比单音素男声模型提高 6.92%；对女性测试集，对应提高比例分别为 8.76% 和 6.83%。以上数据说明三音子模型的作用是有效的，而且提高比例较大。另外，从性别上来看，按照性别建模后的识别结果比不区分性别时略有改善，特别对女性测试集而言，三音子女声模型要比三音子混合模型有 5.42% 的提高，单音子建模时无论对男性还是女性都有提高；对男声测试集而言，三音素混合模型相对三音素男声模型识别精准度没有提高，男性声音特点对三音素模型并不敏感。这说明，若在某些业务或实际应用需要的情况下，对女性声音进行识别效果要优于男性。从数据中还可以看出，三音素混合模型对男性和女性的测试结果差别很小，说明该模型具有一定的稳定性。

表 4-5　扩展的声韵母三音子模型识别率

Table 4-5　Recognition rate of extended initial-final triphone HMMs

	男测试集			女测试集		
	%Correct	%Corr	%Acc	%Correct	%Corr	%Acc
单音素混合模型	40.67	78.50	76.99	37.33	78.17	77.21

（续表）

	男测试集			女测试集		
	%Correct	%Corr	%Acc	%Correct	%Corr	%Acc
单音素男声模型	44.00	80.45	80.15	—	—	—
单音素女声模型	—	—	—	56.33	84.93	84.56
三音素混合模型	60.67	88.57	87.07	58.67	86.86	85.97
三音素男声模型	61.33	87.67	87.07	—	—	—
三音素女声模型	—	—	—	74.00	92.28	91.39

二、决策树状态聚类

对上述实验中的三音素男声模型和三音素女声模型分别进行决策树聚类，在进行聚类前，首先要调整决策树分裂后的似然值增加门限 TB 以及结点停止分裂的训练数据量门限 RO，以男声三音素模型和测试集为例，根据实验结果（表4-6），设置聚类时结点分裂的最小样本量为 $RO=50$，而结点分裂后对数似然值增量门限为 $TB=350$，此时系统的识别率最高，门限值的选取较为理想，小于这两个值中的任何一个都将停止分裂。聚类后没有对终结点进行合并，终结点的数目即系统的捆绑状态数。

表4-6　决策树聚类门限值的调整结果
Table 4-6　The adjusting results of decision tree clustering threshhold

聚类门限值	%Correct	%Corr	%Acc	捆绑状态数	三音子模型数量
$RO=10$，$TB=250$	60.67	87.22	86.92	687	335
$RO=50$，$TB=350$	62.00	87.67	87.07	526	297
$RO=100$，$TB=350$	60.67	87.22	86.62	492	280
$RO=50$，$TB=250$	59.33	86.77	86.47	803	380

从聚类前后三音素模型出现的频率来看（表4-7），按照上述设定的门限值，在聚类前出现小于30次三音子模型数量占到67.37%，仅有8.92%的三音素出现超过100次；聚类后模型的数量由原来的426个减少到297个，减少了30.28%，模型训练样本的最小数量均为18，聚类后样本出现30次以上的三音素模型占57.24%，出现50次以上的占40.07%，100次以上的样本数量占16.50%，均有较大提高。由此说明聚类后模型数量减少，每个模型得到的训练更充分，其适应性更强，具备了预测未出现三音子的能力，具有一定的鲁棒性，因此聚类还是十分有必要的。

表 4-7 决策树聚类前后男声三音素模型的训练样本数量（*RO*=50，*TB*=350）

Table 4-7 Numbers of trainning samples of males triphone HMMs before and after clustering

模型出现的 最小频率	聚类前		聚类后	
	超过该频率的 三音子数目	百分比（%）	超过该频率的 三音子数目	百分比%
≥18	426	100.00%	297	100.00%
≥30	139	32.63%	170	57.24%
≥50	81	19.01%	119	40.07%
≥100	38	8.92%	49	16.50%

表 4-8 列出聚类后与聚类前在不同测试集上的识别率比较，虽然聚类后识别率并无明显提高，但聚类后状态共享减少了系统的参数复杂度且提高了模型的稳定性。

表 4-8 决策树聚类前后在测试集上的结果（*RO*=50，*TB*=350）

Table 4-8 The results for male，female test sets before and aftering decision tree clustering

	男测试集			女测试集		
	%Correct	%Corr	%Acc	%Correct	%Corr	%Acc
决策树聚类后	62.00	87.67	87.07	74.00	91.83	90.94
决策树聚类前	61.33	87.67	87.07	74.00	92.28	91.39

三、高斯混合分量增加

在聚类后将单高斯逐渐提高到 6 个分量，通过实验调整高斯分量数目来获得最佳性能。表 4-9 中混合数 mixture=1 时，即上述实验中聚类后的三音素模型，逐渐增加混合分量的数目时，当混合数达到某个适当的值时发现识别率达到最佳状态，男测试集达到 4 个高斯分量时最佳，女测试集达到 5 个分量时识别率最高。继续增加时开始下降，同时模型也变得较大，计算量增大，识别变得较慢。

表 4-9 增加高斯混合分量实验结果

Table 4-9 The results increasing Gaussian mixture component

混合数目	男测试集			女测试集		
	%Correct	%Corr	%Acc	%Correct	%Corr	%Acc
6	66.00	89.92	89.62	76.67	92.80	92.65
5	65.33	89.62	89.32	76.67	93.10	92.95
4	66.00	89.92	89.62	75.67	92.72	92.58
3	64.00	89.62	89.02	78.00	92.95	92.80
2	59.33	87.82	87.22	76.00	92.65	92.06
1	62.00	87.67	87.07	74.00	91.83	90.94

四、倒谱均值方差（CMVN）归一化

实验分倒谱均值归一化（CMN）和倒谱方差归一化（CVN）两部分进行，首先配置 MFCC 的特征参数为 MFCC_ 0_ D_ A_ Z，进行实验得到 CMN 后的单音素模型以及三音素模型的结果如表 4-10 所示。

表 4-10　采用 CMN 后不同测试集的识别结果

Table 4-10　Recognition results in male, female test sets after adopting CMN

	男测试集			女测试集		
	%Correct	%Corr	%Acc	%Correct	%Corr	%Acc
单音素	44.00	81.95	81.05	59.67	87.01	86.41
Viterbi 校准后	47.33	83.01	82.41	60.00	87.38	86.79
三音子模型	64.67	89.62	89.32	77.00	92.72	92.13
决策树聚类（$RO=50$，$TB=350$，单高斯）	66.67	90.38	90.08	77.73	92.87	92.28
混合高斯 Mixture=2	69.33	91.58	91.28	80.00	93.47	93.17
混合高斯 Mixture=3	72.00	92.33	92.03	80.33	93.62	93.02
混合高斯 Mixture=4	72.00	92.33	92.03	81.00	94.28	93.99
混合高斯 Mixture=5	71.33	92.03	91.73	80.33	93.84	93.54

在 CMN 的基础上再进行 CVN，这里以每句话为一个计算序列，首先计算其均值和方差，因此会产生大量的方差和均值文件，将他们分别存储在不同的目录下，分别放到 CMEANDIR 和 VARIANCEDIR，这里建议只计算静态特征的均值，得到的均值和方差的形式如下：

\<CEPSNORM\> \<MFCC_ 0\>

\<MEAN\> 13

$-6.443189e+000-1.576588e+000-5.946594e+000-1.271345e+001....$

\<CEPSNORM\> \<MFCC_ D_ A_ Z_ 0\>

\<VARIANCE\> 39

$1.556953e+001$ $1.948700e+001$ $2.141870e+001$ $9.031034e+001$ $2.414922e+001$

最终进行倒谱均值方差归一化（CMVN）后的识别率结果如表 4-11 所示。从得到的识别率来看，表 4-10 是采用 CMN 后得到的结果，与表 4-9 对应模型相比，识别率都有不同程度的提高，首先在对特征进行 CMN 处理后，再进行模型的训练，决策树聚类以及高斯分裂，得到了更好的结果。与 CMN 前相比，男测试集上词的最高识别精准度达到 92.03%，女测试集达到 93.99%，其中男声提高了 2.41%，女声为 1.19%；句子的正确识别率男声模型达到 72.00%，女声模型达到 81.00%，男声提高了 6%，女声提高了 4.33%。表 4-11 是进一步经过 CMVN 后，识别率又得到提高，其中男测试集的最高

识别精准度达到 94.89%，女测试集为 97.18%，分别比 CMVN 之前提高了 2.86% 和 3.19%；句子识别率男声达到 80%，女声为 89%，分别提高了 8% 和 6%。整体来看，CMVN 的效果是比较明显的。

表 4-11　采用 CMVN 后不同测试集的识别结果

Table 4-11　Recognition results in male, female test sets after adopting CMVN

方法	男测试集			女测试集		
	%Correct	%Corr	%Acc	%Correct	%Corr	%Acc
单音素	56.00	86.62	85.41	64.67	90.13	89.61
Viterbi 校准后	60.00	88.87	88.57	65.67	89.76	89.38
三音子 HMM	80.00	94.59	94.14	87.33	96.88	96.14
决策树聚类（$RO=100$，$TB=300$，mixtue=1）	78.00	94.29	94.14	87.00	96.88	96.14
Mixture=2	78.67	94.29	94.29	89.00	97.33	96.88
Mixture=3	80.00	95.04	94.89	88.33	97.25	96.81
Mixture=4	76.67	94.29	94.14	88.00	97.40	96.96
Mixture=5	79.33	94.89	94.74	89.00	97.62	97.18

为了方便比较，将扩展声韵母三音子后进行决策树聚类并增加高斯混合分量数目后的系统记作 S_1，其中决策树状态聚类时的门限 $RO=50$，$TB=350$，高斯分裂数目为 mixture=4，此时男测试集的词识别精准度为 89.62%，女测试集上的最高识别精准度为 92.80%；在 S_1 的基础上采用 CMN 进行特征规整后得到的系统记为 S_2，决策树状态聚类的门限值 $RO=50$，$TB=350$，mixture=4，此时男测试集的词识别精准度为 92.03%，女测试集为 93.99%；更进一步，S_2 的基础上使用 CMVN 后的系统记为 S_3，决策树状态聚类的门限值 $RO=10$，$TB=300$，此时男测试集的词识别精准度为 94.89%（mixture=4），女测试集为 97.18%（mixture=5）。从表 4-12 的对比结果来看，S_2 相对于 S_1 来讲，误识率有较大的下降，说明了 CMN 方法的有效性；S_3 相对于 S_2 来说，误识率下降程度更为明显，进一步说了 CMVN 方法的有效。另外，从图 4-3 所示的最高识别率的对比来看，除去决策树状态聚类对识别率的提高没有明显作用（其原因如前文所述），本章所采用的各种策略均对系统的识别性能提高有效。

表 4-12　不同系统的最高识别率

Table 4-12　The highest recognition of different system

系统	男测试集			女测试集		
	精准度	错误率	误识率下降	精准度	错误率	误识率下降
S_1	89.62	10.08	—	92.80	7.18	—
S_2	92.03	7.67	23.90	93.99	5.72	20.33
S_3	94.89	4.96	35.33	97.18	2.38	58.39

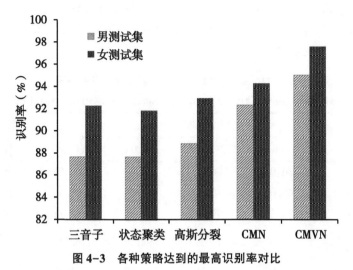

图 4-3　各种策略达到的最高识别率对比

Fig. 4-3　The comparasion of all strategies highest recognition rates

第五章 联合谱减增强和失真补偿的鲁棒性方法

在上一章中，利用CMVN方法在特征空间对均值和方差进行归一化处理，对因环境差异造成的偏差进行补偿，取得了较好的效果。当噪声不是很强时，CMVN方法能够显著提高系统的识别性能，但当SNR较低时，该方法对识别率的提高作用不大。因此有必要在低信噪比时，在前端进行去噪处理，即语音增强（Speech enhancement）。语音增强的目的是消除带躁语音信号的噪声成分，以提高信号的SNR。语音增强被广泛应用在提高系统的识别性能；但语音增强后会产生频谱畸变和"音乐"噪声（music noise），又会重新造成语音识别时的特征失配。尤其在低SNR情况下，这种情况会更严重，因而限制了系统识别性能的提高。

本章实现了一种联合前端谱减增强和失真补偿的抗噪声算法，在前端通过语音增强除去大部分的噪声，提高语音信号的成分，而增强带来的频谱畸变和"音乐"噪声可看做信道乘性噪声和加性背景噪声，因此可以再通过CMVN方法做进一步的补偿（Nidhyananthan, et al., 2014）。因此，这两种算法的联合将会进一步提高系统的性能，特别是在低信噪比环境下的性能。

考虑到不同的农产品信息采集作业场景，主要包括大型农产品批发市场、街道农贸市场、超市等，其噪声来源的不同，采取的语音增强算法主要包括两类（Loizou，2013）：第一类是谱减法（SS），包括基本的谱减算法及其变种，如多带谱减算法（MB），最小均方误差谱减法（MMSESS）。第二类是基于统计模型的方法，包括MMSE幅度谱估计、对数MMSE估计器。本部分共分两章展开。

第一节 谱减法

一、谱减的基本原理

谱减法基于一个简单的原理：假设噪声为加性噪声，通过从带噪语音谱中减去对噪声谱的估计，就可以得到纯净的信号谱。在不存在语音信号的期间，可以对噪声谱进行估计和更新。作出这种假设的前提是假设噪声是平稳的，或者是一种慢变的过程，这样噪声的频谱在每次更新之间不会有大的变化。增强信号通过计算估计信号谱的逆离散傅里叶变换得到，其相位仍然使用带噪语音信号的相位。

假定 $y(n)$ 为带躁语音信号，其由纯净语音信号 $x(n)$ 和加性噪声 $d(n)$ 组成，即：

$$y(n) = x(n) + d(n) \tag{5.1}$$

两边同时做离散傅里叶变换：

$$Y(\omega) = X(\omega) + D(\omega) \tag{5.2}$$

将 $Y(\omega)$ 写成极坐标的形式表示：

$$Y(\omega) = |Y(\omega)| e^{j\varphi_y(\omega)} \tag{5.3}$$

其中 $|Y(\omega)|$ 为带噪信号幅度谱，$j\varphi_y(\omega)$ 为带噪信号相位谱。

噪声谱 $D(\omega)$ 可以表示为幅度和相位的形式：

$$D(\omega) = |D(\omega)| e^{j\varphi_d(\omega)} \tag{5.4}$$

$|D(\omega)|$ 可以通过无语音段的平均幅度谱来估计，噪声相位 $\varphi_d(\omega)$ 可以用带噪语音的相位 $\varphi_y(\omega)$ 来替代，这样做的原因是相位不会对语音的可懂度造成影响（Paliwal, et al., 2005），只是会对语音质量在一定程度上有影响。通过变换，得到关于纯净信号谱的估计：

$$\hat{X}(\omega) = [|Y(\omega)| - |\hat{D}(\omega)|] e^{j\varphi_y(\omega)} \tag{5.5}$$

其中 $|\hat{D}(\omega)|$ 是无语音活动阶段的噪声幅度谱的估计。增强的语音信号可以通过对 $\hat{X}(\omega)$ 使用逆傅里叶变换得到。为防止可能出现负值，原因是错误的估计了噪声谱。解决方法之一是将负的谱分量置零。

$$|\hat{X}(\omega)| = \begin{cases} |Y(\omega)| - |\hat{D}(\omega)| & \text{如果} |Y(\omega)| - |\hat{D}(\omega)| > 0 \\ 0 & \text{其他} \end{cases} \tag{5.6}$$

这种方法只是众多保证 $|\hat{X}(\omega)|$ 非负的方法之一，其他方法本章后续将会做介绍。由上面关于幅度谱的推导很容易扩展到功率谱的估计。在某些情况下，使用功率谱会好过使用幅度谱。

假设噪声信号 $d(n)$ 具有零均值，且与纯净信号 $x(n)$ 不相关，则纯净语音功率谱的估计可表示为：

$$|\hat{X}(\omega)|^2 = |Y(\omega)|^2 - |\hat{D}(\omega)|^2 \tag{5.7}$$

谱减算法一种更通用的形式如下：

$$|\hat{X}(\omega)|^p = |Y(\omega)|^p - |\hat{D}(\omega)|^p \tag{5.8}$$

其中 p 是幂指数。$p=1$ 时即为幅度谱减算法（Boll, 1979），$p=2$ 时是功率谱减算法。这种谱减算法的一般形式如图5-1所示。

由于谱减法在处理负值时简单的采用了重置为0或者其他非线性方法，会导致信号帧频谱的随机频率位置上出现小的、独立的峰值。转换到时域以后，这些峰值听起来就像是帧与帧之间频率随机变化的多频音，即所谓的生"音乐噪声（musical noise）"（Berouti, et al., 1979）。另外一个相对较小的缺点是使用带噪信号的相位，也会产生比较粗糙的合成语音质量。但相位噪声带来的语音失真影响并不大，在语音增强中使用带噪信号相位已经被认为是一个可接受的方案（Inoue, et al., 2011；Takahashi, et al., 2010）。与相位噪声相比，解决"音乐噪声"问题显得更为迫切，产生音乐噪声的因素主要如下所示。

（1）对谱减中的负数部分进行非线性处理。

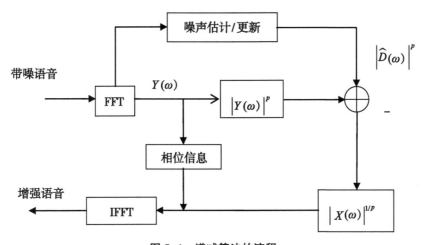

图 5-1　谱减算法的流程

Fig. 5-1　The flow chart of spectral subtraction alogrithm

（2）对噪声谱估计不准确。由于不能直接得到噪声谱，因此不得不使用噪声的平均估计。估计的噪声谱与实际语音谱中的瞬时噪声分量之间可能产生较大偏差。

目前，已有很多研究消除音乐噪声的方法（Beh, et al., 2003；Crozier, et al., 1993；Goh, et al., 1998；Kanehara, et al., 2012；Miyazaki, et al., 2012；Seok, et al., 1999；Takahashi, et al., 2010）。要想近最大可能的消除音乐噪声，又要不影响语音信号本身，这是非常困难的。一般来说，会折衷考虑减小噪声的程度和由此带来的语音失真。

二、使用过减（over subtraction）技术的谱减算法

Berouti 等（1979）提出了一种减去噪声谱的过估计（overestimates）方法，该方法同时设置了谱下限，目的是防止计算结果小于该值。其公式为下面形式：

$$|\hat{X}(\omega)|^2 = \begin{cases} |Y(\omega)|^2 - \alpha|\hat{D}(\omega)|^2 & \text{如果}|Y(\omega)|^2 > (\alpha+\beta)|\hat{D}(\omega)|^2 \\ \beta|\hat{D}(\omega)| & \text{其他} \end{cases}$$

(5.9)

其中 α 为过减因子（$\alpha \geq 1$），β（$0 < \beta \leq 1$）是谱下限参数。Berouti 等发现通过公式（5.9）的处理后比公式（5.6）处理后具有更少的音乐噪声。α 和 β 这两个参数为谱减法提供了极大的灵活性。参数 β 可以控制残留噪声的强度和音乐噪声的大小，如果谱下限参数 β 太大，则可听到到残留噪声但感觉不到音乐噪声；相反，如果 β 太小，则音乐噪声可能比较明显，但原来噪声得到较大程度的抑制。图 5-2 显示了对于固定的 α 值取不同的 β 时的频谱效果。

公式（5.9）中的 α 影响语音谱在谱减过程中的失真程度。α 过大，语音信号失真严重影响语音的可懂度。实验表明，要近可能的抑制噪声又使得音乐噪声最小，在高信噪比（有语音段）时，α 应取小值，对低信噪比帧（没有语音时或语音的低能量段）α

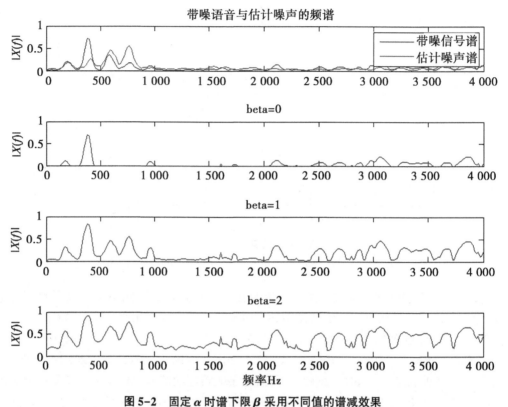

图 5-2　固定 α 时谱下限 β 采用不同值的谱减效果

Fig. 5-2　Results of spectral subtraction when lower limit β adopted different values but α fixed

应取大值。Berouti 等人（1979）建议参数 α 应该随每一帧变化：

$$\alpha = \alpha_0 - \frac{3}{20}SNR \quad -5dB \leqslant SNR \leqslant 20dB \tag{5.10}$$

其中 α_0 是在 0dB 信噪比时期望的 α 值。SNR 为每一帧的短时信噪比估计，注意它不是真正的信噪比，因为无法得到纯净信号。它的计算是基于带噪信号功率与估计的噪声功率的比值，是信噪比的一种后验（a posteriori）估计。

Berouti 等人做了大量的实验来确定 α 和 β 的最优值。公式（5.10）中的 α_0 处于 3~6 的范围时具有最佳性能，谱下限参数 β 的取值被证明与后验信噪比的值有关。对高噪声级（SNR≤-5dB），建议 β 取值范围为 0.02~0.06，对于低噪声级（SNR≥0dB），β 取 0.005~0.02。推荐的分析窗口长度为 25~35ms，若使用较短的分析窗可能导致粗糙的语音质量。

第二节　多带（multi band）谱减法

Berouti 等（1979）提出的谱减算法，假设了噪声对所有频谱分量具有同等的影响。因此用一个过减因子 α 来减去整个频谱上对噪声的估计。一般来讲，噪声不会对语音的整个频谱都产生同等的影响，某些类型的噪声对低频影响会比高频部分严重，这取决于噪声的频谱特性。基于此，文献（Kamath，et al.，2002；Singh，et al.，1998）提出了一种基于多带方式的谱减法。图 5-3 很好的描述了这样的情况，其中四个频带在一段时间内所估计的后验信噪比。如图 5-3 所示，不同频带的信噪比在某些时刻是不相同的，差距达 20dB。

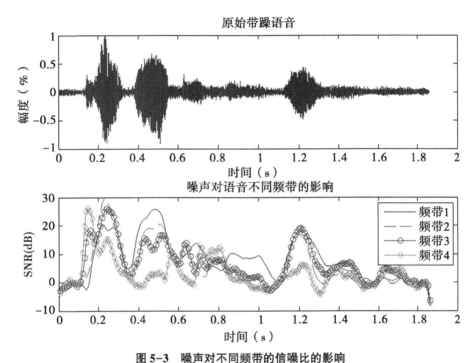

图 5-3　噪声对不同频带的信噪比的影响

Fig. 5-3　Noise effect on SNR of different frequency bands

注：上图为带噪语音，下图为随时间变化的 4 个子频带的信噪比。通过将整个频段在 Mel 频域划分为 4 个子带，对每个子带分别计算后验 SNR。

在多带算法（Kamath，et al.，2002；Loizou，et al.，2001；Singh，et al.，1998）中，语音频谱被划分为 N 个互不重叠的子带，谱减法在每个子带独立进行。将语音信号划分为多个子带的过程可以通过在时域使用带通滤波器实现。第 i 个子带的纯净语音信号谱的估计如下式：

$$|\hat{X}_i(\omega_k)|^2 = |\bar{Y}_i(\omega_k)|^2 - \alpha_i \cdot \delta_i \cdot |\hat{D}_i(\omega_k)|^2 (b_i \leqslant \omega_k \leqslant e_i) \quad (5.11)$$

其中 $\omega_k = 2\pi k/N$（$k = 0, 1,\ldots, N-1$）是离散频率，$|\hat{D}_i(\omega_k)|^2$ 是噪声功率谱的估计（在无语音段估计和更新），b_i 和 e_i 是第 i 个频带上频率的起点和终点，α_i 是第 i 个子带的过减因子，δ_i 为子带减法因子，可根据子带独立设置以满足对不同的噪声进行不同程度的抑制。$|\bar{Y}_i(\omega_k)|$ 为在预处理过程中经过平滑的第 i 个频带带噪语音谱。公式（5.11）减法过程产生的负值按带噪信号谱取下限。

$$| \hat{X}_i(\omega_k) |^2 = \begin{cases} | \hat{X}_i(\omega_k) |^2 & 如果 | \hat{X}_i(\omega_k) |^2 > \beta | \bar{Y}_i(\omega_k) |^2 \\ \beta | \bar{Y}_i(\omega_k) |^2 & 其他 \end{cases} \tag{5.12}$$

其中的谱下限参数 β 设为 0.002。子带过减因子 α_i 是第 i 个频率子带的 SNR 的函数，其计算如下：

$$\alpha_i = \begin{cases} 4.75 & SNR_i < -5 \\ 4 - \dfrac{3}{20}(SNR_i) & -5 \leqslant SNR_i \leqslant 20 \\ 1 & SNR_i > 20 \end{cases} \tag{5.13}$$

其中子带信噪比为：

$$SNR_i(\mathrm{dB}) = 10\log_{10}\left(\frac{\sum\limits_{\omega_k = b_i}^{e_i} | \bar{Y}_i(\omega_k) |^2}{\sum\limits_{\omega_k = b_i}^{e_i} | \hat{D}_i(\omega_k) |^2} \right) \tag{5.14}$$

尽管过减因子 α_i 的使用可以控制每个子带减去噪声的程度，但是利用多个子带以及 δ_i 权重为子带间的控制提供了更大灵活。公式（5.11）中的 δ_i 通过经验确定：

$$\delta_i = \begin{cases} 1 & f_i \leqslant 1 \text{ kHz} \\ 2.5 & 1 \text{ kHz} < f_i \leqslant \dfrac{Fs}{2} - 2 \text{ kHz} \\ 1.5 & f_i > \dfrac{Fs}{2} - 2 \text{ kHz} \end{cases} \tag{5.15}$$

其中 f_i 为第 i 个频率子带的频率上限，Fs 是采样频率。上述参数可根据具体的噪声类型进行不同的设置。

文献（Kamath, et al., 2002；Loizou, et al., 2001）考察了不同频带数量以及频率划分对性能的影响。当频带数量从 1 增加到 4 的时候，算法性能明显增强，但频带数量增加到 4 以上时，性能改善不明显。就频率划分的方式而言，线性、对数、梅尔（mel）划分方式在谱距离以及语音质量上都具有比较近似的性能。

第三节　MMSE 谱减算法

在前述谱减算法中，谱减参数 α 和 β 通过实验确定，无论如何都不是最优的方法。Sim et al. 人（1998）提出了一种方法，能够在均方误差意义下选择最优的减法参数。他们给出谱减法的一般形式：

$$| \hat{X}(\omega) |^p = \gamma_p(\omega) | Y(\omega) |^p - \alpha_p(\omega) | \hat{D}(\omega) |^p \tag{5.16}$$

其中 $\gamma_p(\omega)$ 和 $\alpha_p(\omega)$ 是要计算的参数，p 为幂指数，$\hat{D}(\omega)$ 为无语音段求得的噪声谱。参数 $\gamma_p(\omega)$ 和 $\alpha_p(\omega)$ 可以通过最小化频谱的均方误差得到：

$$e_p(\omega) = | X_p(\omega) |^p - | \hat{X}(\omega) |^p \tag{5.17}$$

其中，$|X_p(\omega)|^p$ 是采用理想的谱减模型条件下的纯净语音谱。这里假定带噪语音谱是两个独立频谱的和，即 $|X_p(\omega)|^p$ 和噪声谱。即有下面的方程对某一常数 p 成立：

$$|Y(\omega)|^p = |X_p(\omega)|^p + |D(\omega)|^p \tag{5.18}$$

其中 $|D(\omega)|$ 是实际的噪声谱。通过计算谱误差 $e_p(\omega)$ 的最小化均方值 $E[\{e_p(\omega)\}^2]$，可以得到如下的最优减法参数：

$$\alpha_p(\omega) = \frac{\xi^p(\omega)}{1 + \xi^p(\omega)} \tag{5.19}$$

$$\gamma_p(\omega) = \frac{\xi^p(\omega)}{1 + \xi^p(\omega)}\{1 - \xi^{-p/2}(\omega)\} \tag{5.20}$$

其中，

$$\xi(\omega) = \frac{E[|X_p(\omega)|^2]}{E[|D(\omega)|^2]} \tag{5.21}$$

以上方程的推导基于这样的假设，即语音和噪声的各自频谱分量是统计独立的，且为零均值高斯随机变量。将公式（5.19）和公式（5.20）带入公式（5.16）得到最优的估计器：

$$|\hat{X}(\omega)| = \left\{\frac{\xi^p(\omega)}{1 + \xi^p(\omega)}[|Y(\omega)|^p - (1 - \xi^{-p/2}(\omega))|\hat{D}(\omega)|^p]\right\}^{1/p} \tag{5.22}$$

但上述估计器并未对 $\alpha_p(\omega)$ 和 $\gamma_p(\omega)$ 的关系做任何假设，为了约束 $\alpha_p(\omega)$ 和 $\gamma_p(\omega)$，令 $\alpha_p(\omega) = \gamma_p(\omega)$，得到的最优约束估计器有如下形式：

$$|\hat{X}(\omega)| = \left\{\frac{\xi^p(\omega)}{\delta_p + \xi^p(\omega)}[|Y(\omega)|^p - |\hat{D}(\omega)|^p]\right\}^{1/p} \tag{5.23}$$

其中 δ_p 对于给定的幂指数 p 为常数，当 p 等于 1、2 和 3 时，δ_p 分别等于 0.2146、0.5 和 0.7055。为防止出现负值，公式（5.23）会采用谱下限。通过对衰减后的带噪语音谱 $\mu Y(\omega)$（$0 < \mu < 1$）和前一帧增强且平滑后的语音谱进行平均，可以得到平滑后的频谱下限：

$$\mu|\bar{Y}(\omega)| = 0.5(\mu|Y(\omega)| + |\bar{X}_{prev}(\omega)|) \tag{5.24}$$

其中 $\mu|\bar{Y}(\omega)|$ 表示平滑后的谱下限。即如果公式 5.23 增强后的频谱值小于 $\mu Y(\omega)$，则其取值为 $\mu|\bar{Y}(\omega)|$，最终约束估计器（Constrained Estimator）有如下形式：

$$|\bar{X}(\omega)| = \begin{cases} |\hat{X}(\omega)| & \text{如果}|\hat{X}(\omega)| \geq \mu|\bar{Y}(\omega)| \\ \mu|\bar{Y}(\omega)| & \text{其他} \end{cases} \tag{5.25}$$

注意，公式（5.24）中的 $|\bar{X}_{prev}(\omega)|$ 项是从上式得出，而不是公式（5.23）。上式中的参数 μ 作为谱下限常数，一般取值在 0.05~0.2。

公式（5.21）中的 $\xi(\omega)$ 项对应于信号能量和噪声能量的比值，通常称为先验（a priori）SNR。但并不能直接得到纯净信号，因此该式不能直接计算。目前常用的一种近似的方法：

$$\xi(\omega) = (1 - \eta) max \left(\frac{|Y(\omega)|^2}{|\hat{D}(\omega)|^2} - 1, 0 \right) + \eta \frac{|\hat{X}_{prev}(\omega)|^2}{|\hat{D}(\omega)|^2} \qquad (5.26)$$

其中 η 为平滑常数（设为 0.96），公式（5.26）就是对当前的瞬时信噪比（第一项）和过去的信噪比（第二项）的加权平均。

谱减法是语音增强中一种计算简单，且易于实现的方法。但减法过程中容易产生"音乐噪声"，引起信号失真。各种弱化"音乐噪声"的技术被提出，常见的一种就是采用过减因子以图在一定程度上控制减法过程中出现的语音失真，同时采用了谱下限，以防减法后的谱分量低于某一预设值。谱下限控制了残留噪声和音乐噪声的大小。大多数的研究（Kang, et al., 1989；Yi, et al., 2006）证实了谱减算法能改进语音质量，但不能提高语音可懂度。直觉上，人们希望通过提高语音质量来提高语音可懂度，但事实并非如此。关于语音质量评估并非本论文研究的内容，请参考相关文献。谱减算法在去噪方面表现优异，但其代价是可能消去间歇出现的部分低能量语音信息。在谱减过程

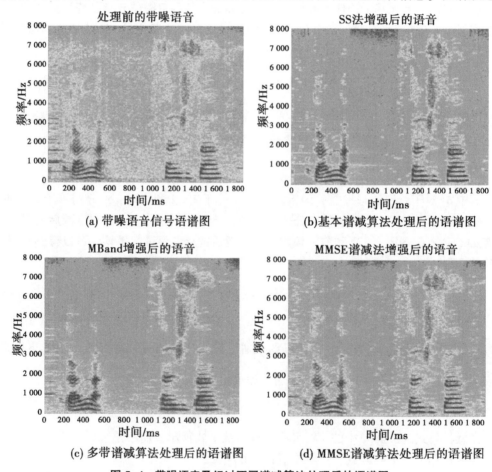

(a) 带噪语音信号语谱图　　　　　(b)基本谱减算法处理后的语谱图

(c) 多带谱减算法处理后的语谱图　　(d) MMSE谱减算法处理后的语谱图

图 5-4　带噪语音及经过不同谱减算法处理后的语谱图

Fig. 5-4　Spectrogram of noisy speech and processed
by different spectral subtraction alogrithms

中，语音的部分低能量段会首先被损失掉，特别是采用过减技术，即使这样，对听觉感知具有重要作用的语音段，其固有的冗余信息仍旧存在于语音信号中，因此可懂度并没有降低。基于以上分析，本研究在处理农产品信息采集作业现场噪声时，特别是在低信噪比（-5dB，0dB，5dB）环境下，首先去除大部分的噪声，由此产生的频谱畸变和语音失真再利用 CMVN 进行补偿，以图提高系统的识别性能。

图5-4 显示了某女性一段发音"橄榄 三十三"在 10dB 信噪比的带噪语音信号，以及经过上述谱减算法后的语谱图。

第四节 实 验

本章实验与第三章不同之处在于训练 HMM 时不再区分性别，原因是为了进一步提高系统的鲁棒性，本章训练的 HMM 模型比上一章中的模型更具有通用性。训练集使用 20 男 20 女的农贸市场环境录音，经过不同的谱减算法去噪后再训练 HMM 模型；测试集录制了 3 男 3 女每人 50 句话，共计 300 句，采用手机在相对安静的环境下录制作为纯净语音，且说话人不在训练集中，然后再加入农产品信息采集环境下的噪声。噪声环境为大型农产品批发市场（wholesale market）、社区农贸市场、超市（生鲜果品区）；最终得到信噪比分别为-5dB，0dB，5dB，10dB，15dB，20dB，25dB 的带噪语音，每种不同信噪比的测试语音 300 句，共计 2 100句。语音信号为单声道，16KHz 采样，16bits。本研究忽略普通话口音的问题，随机选择的测试集说话人分布情况如表5-1 所示。

表5-1 测试集中说话人分布情况

Table 5-1 the speakers basic information of test set

文件名	说话人	性别	籍贯	语句文本数量
T0001~T0050	XJP	男	山东	50 句
T0051~T0100	Student2	女	河南	50 句
T0101~T0150	LiuD	女	江西	50 句
T0151~T0200	ZhangJ	男	湖北	50 句
T0201~T0250	LiuHL	男	河南	50 句
T0251~T0300	Student1	女	江苏	50 句

一、MMSE 谱减法参数优化实验

由于 MMSE 谱减法公式中的幂指数 p 以及对应的常数 δ_p 有不同的取值，选取 p 为 1、2 时，并考虑谱下限参数对识别性能的影响，μ 分别设为 0.1 和 0.2 进行实验，结果如表5-2 所示。从表中的结果来看，$p=1$ 和 $p=2$ 仅在 $\mu=0.1$ 且信噪比为 5dB 时性能有 4% 差异，其他情况总体性能相当。因此，本书以后实验在该算法中取 $p=1$，$\delta_p=$

0.2146，$\mu = 0.2$ 的参数组合。

表 5-2　MMSE 谱减法参数 p，δ_p，μ 不同的组合识别精准度

Table 5-2　the recognition rates with different MMSE spectral subtraction parameters

SSMMSE+CMVN 参数	−5dB	0dB	5dB	10dB	15dB	20dB	25dB
$p=1$，$\delta_p=0.2146$，$\mu=0.1$	22.75	49.92	74.89	85.69	90.79	94.37	94.67
$p=2$，$\delta_p=0.5$，$\mu=0.1$	22.53	47.49	70.93	86.30	90.56	93.99	94.06
$p=2$，$\delta_p=0.5$，$\mu=0.2$	21.32	47.72	72.53	84.93	91.32	94.82	94.90
$p=1$，$\delta_p=0.2146$，$\mu=0.2$	23.14	48.33	73.97	86.45	91.02	94.29	95.05

二、不同环境下联合算法实验

本实验首先建立基线系统并进行测试，然后分别采用 CMVN 方法、基本谱减法（SS）、多带谱减法（MB）、MMSE 谱减法（MMSESS）进行单独测试，最后再分别与各种方法联合 CMVN 进行测试。其流程图如下所示，无论在训练阶段还是在识别阶段首先对信号选择某种谱减算法进行增强处理，然后进行特征提取，再进行后续的特征补偿，所不同的是训练阶段需要进行决策树聚类算法和高斯分裂，而识别阶段只需要进行去噪、特征提取、CMVN 补偿，最后送识别器进行识别。过程如图 5-5 所示。

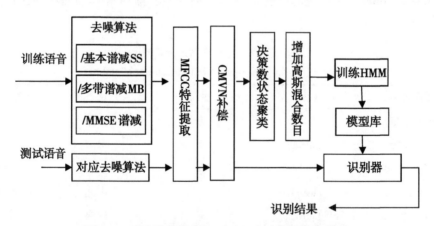

图 5-5　联合谱减算法和 CMVN 方法的系统流程图

Fig. 5-5　The system flowchart combined spectral subtraction alogrithm with CMVN method

1. 大型农产品批发市场环境

图 5-6 所示为在大型农产品批发市场环境下各种谱减算法及其联合 CMVN 后的词识别精准度曲线。从图 5-6 上可以看出，本研究采用的三种谱减算法（SS，MB，MMSESS）在总体性能上都比基线系统有了较大程度的提高，特别是在较低信噪比（0～10dB）的情况下识别精准度提高程度较大，如在 SNR=0dB 情况下，SS、MB、MMSESS 分别比基线系统提高了 14.68%，9.75% 和 10.57%，在 SNR=5dB 时，分别提高了

24.66%，17.43%，20.85%，提升优势较为明显。但在较高信噪比（大于 15dB）优势不如低信噪比时明显，甚至在用纯净语音进行测试时（图 5-6 上 30dB 实际代表录制的纯净语音 clean），甚至出现性能下降的情况，原因是对纯净语音信号进行了谱减算法，相减后的语音信号比之前损失了部分语音信息。在信噪比过低情况下（小于-5dB），各种算法均表现出较差的性能，这也是当前语音识别的瓶颈。一般来讲，实际农产品信息采集的工作环境处于极低和较高信噪比都是不现实的，往往其信噪比在 0~15dB 的范围，这也是实际工作中语音增强算法的工作范围，因此在特征提取前端采用去噪算法，可以有效地提升识别率（表 5-3）。

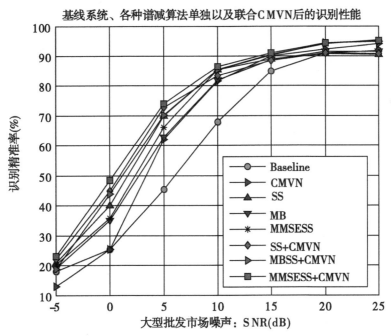

图 5-6 基线系统、各种谱减法单独以及联合 CMVN 后的识别率曲线

Fig. 5-6 The Recognition rate curves of baseline, different spectral subtraction alogrithms alone and combined CMVN under the wholesale market environment

表 5-3 大型农产品批发市场环境下各算法识别性能

Table 5-3 The recognition rates of each alogrithms under the wholesale market environment

算法类型	-5dB	0 dB	5 dB	10 dB	15 dB	20 dB	25 dB	clean
BaseLine	18.04	25.27	45.36	67.96	84.93	90.94	91.78	92.69
CMVN	12.94	25.27	62.10	81.74	90.11	92.39	93.99	95.89
SS	20.70	39.95	70.02	85.31	88.89	90.72	90.41	88.28
MB	19.10	35.01	62.79	81.89	88.66	91.48	91.63	92.24
SSMMSE	20.32	35.84	66.21	85.54	90.41	94.06	95.28	95.89

（续表）

算法类型	−5dB	0 dB	5 dB	10 dB	15 dB	20 dB	25 dB	clean
SS+CMVN	22.07	44.82	72.83	83.41	88.58	90.94	90.72	89.88
MB+CMVN	18.80	43.76	70.17	85.54	90.18	94.29	94.90	94.98
SSMMSE+CMVN	23.14	48.33	73.97	86.45	91.02	94.29	95.05	96.19

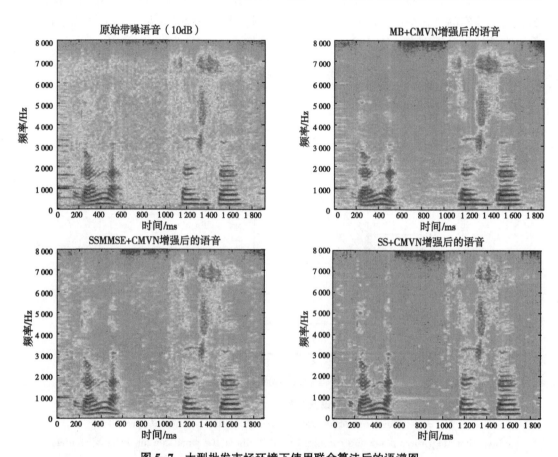

图 5-7　大型批发市场环境下使用联合算法后的语谱图

Fig. 5-7　Spectrogram adopting combined alogrithms under the wholesale market environment

当各种谱减算法联合 CMVN 方法后，从图上可以看出其识别性能得到进一步的提升。总体上来看，联合后的识别精准度曲线位于所有曲线的最上端。首先看在低信噪比（0~10dB）的情况，联合补偿后的方法 SS+CMVN、MB+CMVN、MMSESS+CMVN 分别比单独使用去噪算法前识别率有一定程度的提升。当 SNR=0dB 时，分别提高了 4.87%，8.75%，12.49%，当 SNR=5dB 时，其提高程度分别 2.81%，7.38% 和 7.76%。而随着信噪比的增加，当 SNR=10dB 时，提高程度不再明显，甚至出现负值，分别为−1.9%，3.65% 和 0.91%。从图 5-7 上可以看出，此时曲线相对比较集中，性能优势不在明显。同样的情况也出现在信噪比太低的情况，如−5dB，联合失真补偿后其性能也没有得到明显提升。从图 5-7 上还可以看出，MMSE 谱减算法能够在均方误差意义下最优化谱减参数，因此 MMSESS+CMVN 方法最为有效，且明显优于单独使用 CMVN、MB、MMSESS；与 MB+CMVN、SS+CMVN 相比，该方法也有微弱的优势。另外，从图 5-7 上还可以看出，从 0 到 15dB 三种联合后的抗噪算法其相对于基线系统的等效增益在 5~8dB。

2. 社区农贸市场环境

本实验在社区农贸市场噪声环境下对上述算法进行了测试，得出如图 5-8 所示的识别性能曲线。从图 5-8 上可以看出，联合 CMVN 后的各种谱减算法其性能占据一定的优势，特别是在低信噪比时这种优势更为明显，均优于相应地各种谱减算法单独使用时的性能。当信噪比较高时，联合前后的算法性能差别不大。分别来看各种算法，其中 SSMMSE+CMVN 性能最好，MB+CMVN 次之，SS+CMVN 性能最差。另外，在该噪声环境下，当信噪比较高时（大于 15dB），SS 及 SS+CMVN 算法性能出现不佳，甚至不如基线系统。类似这种情况在大型批发市场噪声环境下也出现，如图 5-6 所示，原因是 SS 算法在高信噪比经过谱减后损失了一部分语音信息，反而不如没有使用谱减算法（表 5-4）。

表 5-4　社区农贸市场环境下不同算法识别率

Table 5-4　The recognition rate of each alogrithms at
the community farmers market ambience

	−5dB	0 dB	5 dB	10 dB	15 dB	20 dB	25 dB	clean
BaseLine	17.35	21.84	42.24	64.08	83.49	89.73	92.01	92.69
CMVN	13.55	21.16	50.76	76.64	88.51	92.62	94.06	95.89
SS	17.96	28.39	50.99	72.91	82.04	84.47	84.47	88.28
MB	16.97	34.40	60.27	81.05	88.05	91.63	92.24	92.24
SSMMSE	22.45	40.79	67.88	84.17	92.09	94.37	95.36	95.89
SS+CMVN	14.23	30.75	55.02	73.14	80.75	84.55	84.55	89.88
MB+CMVN	17.12	35.84	67.05	84.02	91.02	93.23	94.90	94.98
SSMMSE+CMVN	21.08	44.22	70.09	85.46	91.70	93.84	94.67	96.19

3. 超市（生鲜果品区）环境

本实验在超市噪声环境中进行测试，得到的识别率如表 5-5 所示。从表中的数据来看，在不同的信噪比情况下，多带谱减 MB 算法以及最小均方误差（MMSE）谱减的性能优于基线系统和 CMVN 规整后的系统，但是基本谱减算法 SS 只有在-5dB、0dB、5dB 时性能表现较好，随着信噪比提高其性能表现不如基线和 CMVN，原因同在上文中已有分析。当增强算法与特征补偿联合后，其性能均总体上优于对应的增强算法，特别是在 0dB、5dB 时，这种优势较为明显。从识别率曲线图 5-9 上也能反映这一情况，在 0~15dB 的区间，联合后的算法其识别率曲线均在单独使用算法的上面。

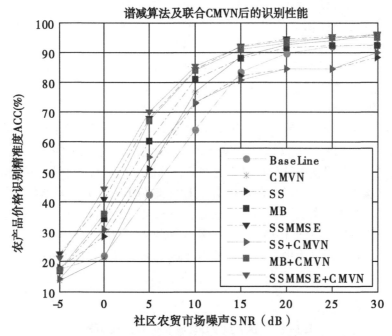

图 5-8　社区农贸市场环境下谱减算法及联合 CMVN 后的识别率曲线

Fig. 5-8　The Recognition rate curves of baseline, different spectral subtraction alogrithms alone and combined CMVN under the community farmers market environment

表 5-5　超市环境下不同算法识别率

Table 5-5　The recognition rate of each alogrithms at supermarket environment

	−5dB	0 dB	5 dB	10 dB	15 dB	20 dB	25 dB	clean
BaseLine	14.31	17.73	35.84	61.57	84.32	89.73	91.10	92.69
CMVN	12.79	18.34	44.06	74.89	88.43	92.16	94.37	95.89
SS	15.37	27.70	53.42	74.73	79.68	81.81	82.72	88.28
MB	17.96	32.12	62.94	82.88	89.35	90.56	91.78	92.24
SSMMSE	22.30	42.62	74.28	86.53	92.39	94.75	95.59	95.89
SS+CMVN	17.20	30.97	56.77	74.43	80.97	82.57	83.79	89.88
MB+CMVN	17.20	36.76	72.83	87.82	92.92	93.30	94.75	94.98
SSMMSE+CMVN	21.39	48.86	77.25	87.14	93.68	94.75	95.66	96.19

　　另外，综合以上环境，即在农产品批发市场、农贸市场、超市环境下，联合后的算法性能比较总体而言，SSMMSE+CMVN 最优，其次为 MB+CMVN，最后为 SS+CMVN。

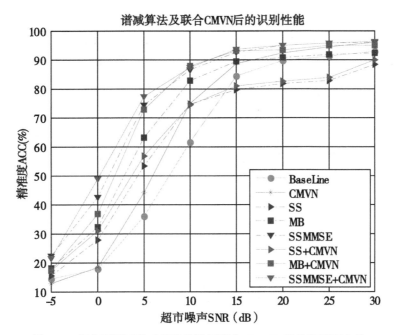

图 5-9　超市环境下谱减算法单独及联合 CMVN 后的识别率曲线

Fig. 5-9　The Recognition rate curves of different spectral subtraction alogrithms alone and combined CMVN at the supermarket environment

第六章　基于统计模型的前端增强与失真补偿的结合

谱减法没有考虑语音频谱的分布，而语音频谱的幅度分布对人的听觉影响非常重要。本章要研究基于信号幅度（即 DFT 系数的模）的各种统计模型的方法和优化准则的非线性估计，这些非线性估计器显式的计算噪声的概率密度函数（PDF）和语音的傅里叶变换（DFT）系数。

语音增强问题在统计估计理论的框架下进行讨论（Sengijpta，1995）。给定一组基于未知参数的测量值，我们要基于这组测量值找出相关的未知参数的非线性估计器。在语音识别应用中，测量值对应于带噪信号的一组 DFT 系数（即带噪信号谱），而我们想要得到的是相关参数是纯净信号的 DFT 系数（即纯净信号谱）。估计理论中谈到的各种不同的非线性估计器的推导方法，包括最大似然估计和 Bayesian 估计（如最小均方误差 MMSE 估计）。这些方法的主要区别在于对所求系数的假设（如是确定性未知量还是随机变量）和所运用的最优方程准则不同。

最大似然参数估计法假设相关参数 θ 是未知但确定的。现在假设 θ 是一随机变量，而需要估计该变量的值。这种估计方法称为贝叶斯估计。贝叶斯估计的主要思想在于，如果我们已知 θ 的先验值，即 $p(\theta)$，就可以利用该值提高估计的准确性。由于 Bayesian 估计器充分利用了先验知识，所以一般来说比最大似然估计器（MLE）的效果要好。下面的章节讨论使估计频谱和实际频谱的均方误差最小的方法。通过在统计估计框架下更精确的估计纯净信号，再结合倒谱域的失真补偿，将进一步提高农产品市场信息语音识别的精准度。

第一节　MMSE 幅度谱估计

短时频谱幅度（STSA）对语音可懂度和语音质量的感知作用非常明显，是一类常用的从已知带躁信号中提取语音信号的方法。具体来说，估计幅度和实际幅度最小均方误差（Minimum Mean-Square Error，MMSE）的优化估计器如下：

$$e = E\{(\hat{X}_k - X_k)^2\} \tag{6.1}$$

其中 $\hat{X}_k$ 是估计谱在频率 ω_k 的幅度，X_k 是纯净信号谱在频点 k 的幅度。根据计算期望值的方法，有两种方法最小化公式（6.1）。经典的均方差期望值根据 $p(Y; X_k)$ 求得，这里 Y 表示观测到的带噪信号谱，$Y = [Y(\omega_0) Y(\omega_1) \cdots Y(\omega_{N-1})]$。而贝叶斯均方差的期望值根据联合概率密度 $p(Y, X_k)$ 求得，贝叶斯 MSE 公式如下：

$$Bmse(\hat{X}_k) = \iint (X_k - \hat{X}_k)^2 p(Y, X_k) dY dX_k \tag{6.2}$$

对贝叶斯 MSE 求关于 $\hat{X}_k$ 的最小值, 得到优化后的 MMSE 估计器 (Sengijpta, 1995):

$$\begin{aligned}\hat{X}_k &= \int X_k p(X_k \mid Y) dX_k \\ &= E[X_k \mid Y] \\ &= E[X_k \mid Y(\omega_0) Y(\omega_1) \cdots Y(\omega_{N-1})]\end{aligned} \tag{6.3}$$

这是 X_k 后验概率密度函数的平均。纯净信号幅度的后验概率密度函数, 即 $p(X_k \mid Y)$, 指的是取得了所有观察信号 (指带噪语音信号的复频谱 Y) 后的的幅度概率密度函数。相反, X_k 的先验概率密度函数 $p(X_k)$ 指的是在得到信号之前预测的纯净信号幅度谱的概率密度函数。公式 (6.3) 给出的估计器没有假设估计值和观测值之间的线性关系, 但是它需要知道语音信号和噪声的 DFT 系数的概率分布。假设已有语音和噪声的 DFT 系数的概率分布的先验知识, 我们就可以对 X_k 的后验概率密度函数求均值, 即对 $p(X_k \mid Y)$ 求均值。

但估计语音的傅里叶变换系数的概率分布十分困难, 重要原因是语音 (有时噪声也是) 信号不是平稳过程, 也不是遍历过程。为了解决上述问题, Ephraim 和 Malah (1980) 提出了一个利用傅里叶系数统计渐近特征的统计模型。该模型成立有两个假设条件。

(1) 傅里叶系数的实部和虚部都是高斯分布。其均值为 0, 由于语音信号是非平稳过程, 其方差是时变的。

(2) 傅里叶变换系数统计无关, 所以系数之间是不相关的。

语音信号傅里叶变换系数为高斯分布的假设根据是中心极限定理, 因为傅里叶变换系数由 N 个随机变量相加得到。根据中心极限定理, 如果随机变量是统计无关的, 其分布为高斯分布。非相关的假设是基于分析帧长度 N 趋于无穷的情况下, 傅里叶系数之间的相关值趋于 0 (Pearlman, et al., 1978)。关于独立性的假设则可以由以下原因得到: 由于已知傅里叶系数之间是非相关且高斯分布, 因此其也应该是独立的。但实际语音信号处理中, 一般选取分析帧长度为 20~40ms, 这就有可能导致傅里叶变换系数之间有一定的相关性 (Cohen, 2005)。但实践证明, 该模型简单实用, 且易于处理。

一、MMSE 幅度估计器

要得到 MMSE 估计器, 首先应计算 X_k 的后验概率密度函数, 即 $p(X_k \mid Y(\omega_k))$。由贝叶斯准则得到:

$$\begin{aligned}p(X_k \mid Y(\omega_k)) &= \frac{p(Y(\omega_k) \mid X_k) p(X_k)}{p(Y(\omega_k))} \\ &= \frac{p(Y(\omega_k) \mid X_k) p(X_k)}{\int p(Y(\omega_k) \mid x_k) p(x_k) dx_k}\end{aligned} \tag{6.4}$$

其中 x_k 是随机变量 X_k 的实际值。假设傅里叶变换系数之间是统计独立的, X_k 的期望值只与频率点 ω_k 的傅里叶变换系数有关, 即:

$$E[X_k \mid Y(\omega_0) Y(\omega_1) Y(\omega_2) \cdots Y(\omega_{N-1})] = E[X_k \mid Y(\omega_k)] \tag{6.5}$$

根据公式（6.4）、公式（6.3）可以简化为：

$$\hat{X}_k = E(X_k \mid Y(\omega_k)) = \int_0^\infty x_k p(x_k \mid Y(\omega_k)) \, dx_k$$

$$= \frac{\int_0^\infty x_k p(Y(\omega_k) \mid x_k) p(x_k) \, dx_k}{\int_0^\infty p(Y(\omega_k) \mid x_k) p(x_k) \, dx_k} \tag{6.6}$$

由于

$$p(Y(\omega_k) \mid X_k) p(X_k) = \int_0^{2\pi} p(Y(\omega_k) \mid X_k, \theta_x) p(X_k, \theta_x) \, d\theta_x \tag{6.7}$$

这里 θ_x 是随机变量 $X(\omega_k)$ 相位的实际值（为简单起见，以后对 θ_x 不在使用索引 k），有如下方程：

$$\hat{X}_k = \frac{\int_0^\infty \int_0^{2\pi} x_k p(Y(\omega_k) \mid x_k, \theta_x) p(x_k, \theta_x) \, d\theta_x dx_k}{\int_0^\infty \int_0^{2\pi} p(Y(\omega_k) \mid x_k, \theta_x) p(x_k, \theta_x) \, d\theta_x dx_k} \tag{6.8}$$

接下来，需要估计 $p(Y(\omega_k) \mid x_k, \theta_x)$ 和 $p(x_k, \theta_x)$。根据假设的统计模型，知道 $Y(\omega_k)$ 是两个零均值的复高斯随机变量的和。因此，条件概率密度函数 $p(Y(\omega_k) \mid x_k, \theta_x)$ 也是高斯分布，有下面关系成立：

$$p(Y(\omega_k) \mid x_k, \theta_x) = p_D(Y(\omega_k) - X(\omega_k)) \tag{6.9}$$

这里 $p_D(\cdot)$ 是噪声的傅里叶变换系数 $D(\omega_k)$ 的概率密度函数。公式（6.9）变为：

$$p(Y(\omega_k) \mid x_k, \theta_x) = \frac{1}{\pi \lambda_d(k)} \exp \left\{ -\frac{1}{\lambda_d(k)} \mid Y(\omega_k) - X(\omega_k) \mid^2 \right\} \tag{6.10}$$

这里 $\lambda_d(k) = E[\mid D(\omega_k) \mid^2]$ 是噪声频谱第 k 个频谱分量的方差。对于复高斯随机变量，因已知 $X(\omega_k)$ 的幅度随机变量 (X_k) 和相位随机变量 $[\theta_x(k)]$ 是相互独立的（Papoulis, et al., 2002），所以可以通过计算它们的概率密度乘积来计算联合概率密度 $p(x_k, \theta_k)$，即 $p(x_k, \theta_x) = p(x_k) p(\theta_x)$。因为 $X_k = \sqrt{r(k)^2 + i(k)^2}$，所以 X_k 的概率密度函数是瑞利分布，其中 $r(k) = \mathrm{Re}\{X(\omega_k)\}$ 和 $i(k) = \mathrm{Im}(X(\omega_k))$ 是高斯随机变量（Papoulis, et al., 2002）。$\theta_x(k)$ 的概率密度函数在 $(-\pi, \pi)$ 区间是均匀分布。由此可以得出联合概率密度：

$$p(x_k, \theta_x) = \frac{x_k}{\pi \lambda_x(k)} \exp \left\{ -\frac{x_k^2}{\lambda_x(k)} \right\} \tag{6.11}$$

其中 $\lambda_x(k) = E\{\mid X(\omega_k) \mid^2\}$ 是纯净信号谱第 k 个分量的方差。将公式（6.10）和公式（6.11）带入公式（6.8），最后得到优化后的 MMSE 幅度谱估计器：

$$\hat{X}_k = \sqrt{\lambda_k} \Gamma(1.5) \Phi(-0.5, 1; -v_k) \tag{6.12}$$

其中 $\Gamma(\cdot)$ 表示伽马函数，$\Phi(a, b; c)$ 表示合流超几何函数，λ_k 由下式表示：

$$\lambda_k = \frac{\lambda_x(k)\,\lambda_d(k)}{\lambda_x(k) + \lambda_d(k)} = \frac{\lambda_x(k)}{1 + \xi_k} \tag{6.13}$$

v_k 定义为

$$v_k = \frac{\xi_k}{1 + \xi_k}\gamma_k \tag{6.14}$$

γ_k 和 ξ_k 定义为

$$\gamma_k = \frac{Y_k^{\ 2}}{\lambda_d(k)} \tag{6.15}$$

$$\xi_k = \frac{\lambda_x(k)}{\lambda_d(k)} \tag{6.16}$$

γ_k 和 ξ_k 分别是指后验信噪比和先验信噪比（Ephraim，et al.，1984）。先验信噪比 ξ_k 可以被看做第 k 个频谱分量的实际信噪比，而后验信噪比 γ_k 可被看做加入噪声后的第 k 个频谱分量测得的信噪比。

由于 $\sqrt{\lambda_k}$ 可以根据公式（6.15）和公式（6.16）写成如下形式：

$$
\begin{aligned}
\sqrt{\lambda_k} &= \sqrt{\frac{\lambda_x(k)}{1 + \xi_k}} = \sqrt{\frac{\xi_k \lambda_d(k)}{1 + \xi_k}} \\
&= \sqrt{\frac{\xi_k Y_k^2}{(1 + \xi_k)\,\gamma_k}\frac{\gamma_k}{\gamma_k}} = \sqrt{\frac{\xi_k \gamma_k}{(1 + \xi_k)}\frac{1}{(\gamma_k)^2}}\,Y_k \\
&= \frac{\sqrt{v_k}}{\gamma_k}Y_k
\end{aligned}
\tag{6.17}
$$

公式（6.12）可以写成如下形式：

$$\hat{X}_k = \frac{\sqrt{v_k}}{\gamma_k}\Gamma(1.5)\,\Phi(-0.5,\ 1;\ -v_k)\,Y_k \tag{6.18}$$

最后，公式（6.18）中的合流超几何函数写成贝塞尔函数形式，最终的 MMSE 估计器表达式为：

$$\hat{X}_k = \frac{\pi}{2}\frac{\sqrt{v_k}}{\gamma_k}\exp\!\left(-\frac{v_k}{2}\right)\left[(1 + v_k)\,I_0\!\left(\frac{v_k}{2}\right) + v_k I_1\!\left(\frac{v_k}{2}\right)\right]Y_k \tag{6.19}$$

其中 $I_0(\cdot)$ 和 $I_1(\cdot)$ 分别表示零阶和第一阶的修正贝塞尔函数。

二、先验 SNR 的估计

MMSE 幅度谱估计器公式（6.18）推导的假设条件是先验信噪比 ξ_k 和噪声方差 $\lambda_d(k)$ 已知。实际应用中，只能得到带噪语音信号。假设噪声是平稳信号，我们可以利用噪声估计算法来较好的估计噪声方差。但估计 ξ_k 就比较困难。相关文献（Cohen，2005；Ephraim，et al.，1984；Hasan，et al.，2004；Soon，et al.，2000；Yong，et al.，2013）提出了几种先验 SNRξ_k 的估计方法，其中"判决引导法"是一种常用的方法。

该方法基于 ξ_k 的定义及其与后验 SNR γ_k 的关系。已知第 m 帧的先验信噪

比 $\xi_k(m)$:

$$\xi_k(m) = \frac{E(X_k^2(m))}{\lambda_d(k, m)} \tag{6.20}$$

已知 γ_k 与 ξ_k 的有如下关系:

$$\begin{aligned}
\xi_k(m) &= \frac{E\{Y_k^2(m) - D_k^2(m)\}}{\lambda_d(k, m)} \\
&= \frac{E\{Y_k^2(m)\}}{\lambda_d(k, m)} - \frac{E\{D_k^2(m)\}}{\lambda_d(k, m)} \\
&= E\{\gamma_k(m)\} - 1
\end{aligned} \tag{6.21}$$

根据文献（Ephraim, et al., 1984）中对 ξ_k 的最大似然估计式:

$$\hat{\xi}_k(m) = \max(\overline{\gamma}_k(m) - 1, 0) \tag{6.22}$$

合并公式（6.21）和公式（6.22），有:

$$\xi_k(m) = E\left\{\frac{1}{2}\frac{X_k^2(m)}{\lambda_d(k, m)} + \frac{1}{2}[\gamma_k(m) - 1]\right\} \tag{6.23}$$

最后将上式写成递归的形式，对 ξ_k 的估计为:

$$\hat{\xi}_k(m) = \eta\frac{\hat{X}_k^2(m-1)}{\lambda_d(k, m-1)} + (1-\eta)\max[\gamma_k(m) - 1, 0] \tag{6.24}$$

其中，$0 < \eta < 1$ 是权重因子，以代替公式（6.23）中的 $1/2$，$\hat{X}_k^2(m-1)$ 是上一个分析帧中得到增强后的幅度估计。$\max(\cdot)$ 用以保证估计值是非负值。

新的 ξ_k 估计是历史先验信噪比（第一项）和当前后验信噪比（第二项）的加权平均。当前后验 SNR 的估计就是先验 SNR 的最大似然法则估计公式（6.22），之所以被称为判决引导估计，是因为 $\hat{\xi}_k(m)$ 的更新是根据上一次的幅度估计的信息。先验 SNR 估计的判决引导法除了对 MMSE 算法有效，同时对其他一些算法同样适用（Deng, et al., 2011; Hendriks, et al., 2010; Scalart, 1996; Suhadi, et al., 2011; Taghia, et al., 2011; Yu, et al., 2011），本书上一章中的 MMSE 谱减法也使用了该方法。

第二节　对数 MMSE 估计器

前面章节推导了基于幅度谱误差最小化的最优 MMSE 幅度谱估计器。尽管基于线性的幅度谱的误差平方在数学上易于处理，但应用上于听觉上却不合适，又有人提出了用对数幅度谱误差平方对语音进行处理，对数幅度谱的最小均方误差估计的表示如下:

$$E\{(\log X_k - \log\hat{X}_k)^2\} \tag{6.25}$$

对数 MMSE 最优估计器可以通过求 $\log X_k$ 的条件均值得到，即:

$$\log\hat{X}_k = E\{\log X_k \mid Y(\omega_k)\} \tag{6.26}$$

最终得到的最优的对数 MMSE 估计器为

$$\hat{X}_k = \frac{\xi_k}{1 + \xi_k} \exp\left\{ \frac{1}{2} \int_{v_k}^{\infty} \frac{e^{-t}}{t} dt \right\} Y_k \tag{6.27}$$

上式中的积分是指数积分，可以通过数值计算得到，指数积分可以近似为：

$$Ei(x) = \int_{x}^{\infty} \frac{e^{-x}}{x} dx \approx \frac{e^x}{x} \sum_k \frac{k!}{x^k} \tag{6.28}$$

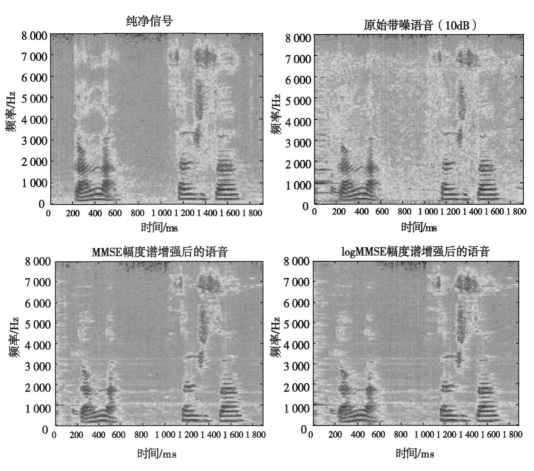

图 6-1 经过 MMSE 和 logMMSE 增强后的语谱图

Fig. 6-1 Spectrogram of clean speech, noisy speech, and enhanced speech by MMSE and log MMSE

上图为对数和线性的 MMSE 估计器处理后的增强语音语谱图，从图 6-1 可以看出对数 MMSE 增强后的残余噪声大大减小而语音信号并未受到影响。

第三节 MMSE 估计的实现

MMSE 算法可以用以下几个步骤来实现，对每个分析帧内的语音片段做下面的操作：

S1：计算带噪语音信号的 DFT，$Y(\omega_k) = Y_k \exp(j\theta_y(k))$ ；

S2：估计后验 SNR $\gamma_k = \dfrac{Y_k^2}{\lambda_d(k)}$ ，这里 $\lambda_d(k)$ 是在非语音段（在语音开始之前或语音间隙）估计的噪声能量谱，然后用公式（6.22）或公式（6.24）来估计先验信噪比 ξ_k ；

S3：用公式（6.19）来估计语音幅度谱；

S4：构建增强信号谱 $\hat{X}(\omega_k) = \hat{X}_k \exp(j\theta_y(k))$ ，然后计算 $\hat{X}(\omega_k)$ 的 IDFT，就得到了对应于输入语音帧的增强的时域信号 $\hat{x}(n)$ 。

第四节　实　验

一、采用 MMSE 估计器与 logMMSE 方法增强

实验采用的训练库和测试集同第五章。首先分别在大型农产品批发市场、社区农贸市场以及超市环境下，单独采用统计模型下的增强算法，即 MMSE 估计器和 logMMSE 算法，对训练集进行去噪处理，并训练 HMM 模型。测试集采用完全一致的处理方式，最后进行识别。先验 SNR 的估计采用公式 6.24 的方法，权重因子 $\eta = 0.98$。

二、MMSE、logMMSE 与 CMVN 联合实验

在增加算法的基础上，MMSE、logMMSE 分别联合 CMVN 进行失真补偿，训练集数据在经过上述方法去噪处理后，再结合 CMVN 进行补偿，最后训练识别 HMM 模型。测试集也采用与训练集一致的去噪方法处理，然后再进行特征补偿。需要注意，即使是对纯净语音的处理也应采用去噪算法，其原因是训练集采用的含噪语音经过了去噪算法处理，若纯净测试集与此不一致，将会导致识别率下降。

上述实验测试，首先录制 3 男 3 女共计 300 句纯净语音，然后混入农产品批发市场、社区农贸市场、超市环境下的噪声，得到 -5dB，0dB，5dB，10dB，15dB，20dB，25dB 信噪比的带噪语音，通过上述算法去噪后进行识别。得到识别精准度数据如下表 6-1、表 6-2、表 6-3 所示。

表 6-1　大型农产品批发市场环境下统计增强算法联合 CMVN 前后后的识别率

Table 6-1　Recognition rate of MMSE，logMMSE alone and combined with CMVN at whosesale agricultural market ambience

	−5dB	0dB	5dB	10dB	15dB	20dB	25dB	clean
BaseLine	18.04	25.27	45.36	67.96	84.93	90.94	91.78	92.69
CMVN	12.94	25.27	62.10	81.74	90.11	92.39	93.99	95.89
MMSE	22.30	42.16	68.57	83.56	88.96	91.86	92.62	93.38

（续表）

	−5dB	0dB	5dB	10dB	15dB	20dB	25dB	clean
logMMSE	21.77	42.24	67.35	81.96	88.58	91.86	92.54	94.44
MMSE+CMVN	24.43	49.47	73.36	85.31	89.95	91.78	92.92	93.15
logMMSE+CMVN	21.23	45.28	69.56	83.71	89.50	91.63	92.77	93.68

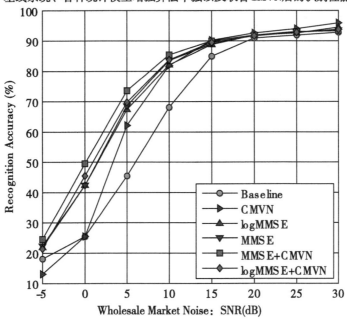

图6-2　在大型批发市场环境增强算法联合前后的识别性能曲线

Fig. 6-2　Recognition rate curves of enhancement alogrithms alone and combined with CMVN under the wholesale market environment

实验分析：从图6-2和表6-1的数据来看，基于统计理论框架下的语音增强算法，无论单独使用还是联合失真补偿方法，都能有效的提高识别性能。整体来看，提高性能的范围集中在0~10dB的区间；当信噪比较低时，如−5dB，上述个方法均表现较差；类似情况也发生在信噪比较高时，如大于15dB，各种算法的性能差别不大，即使是基线系统也表现出较高的信噪比。从图上可以看出，联合CMVN方法后，系统的识别性能又得到相应的提高，但主要还是集中在一定的范围内，如在0dB、−5dB和10dB、MMSE+CMVN算法分别比MMSE提高了7.31%，4.79%，1.75%；而logMMSE+CMVN算法比logMMSE分别提高了6.24%，5.78%，2.97%。在该环境下，本书提出的统计模型下的语音增强算法联合CMVN补偿的方案是有效的，且MMSE+CMVN方法整体表现优秀。

在农贸市场环境下，通过以同样方式对混入社区农贸市场噪声的语音进行测试，得到如图 6-3 所示的曲线。发现 MMSE 算法和 logMMSE 算法在该噪声环境下性能变化不大，基本没有提高。对 MMSE+CMVN 算法，与 MMSE 相比，从表 6-2 中的数据看出，在信噪比较低时，除了 0dB 时识别率有微弱的提高外，在-5dB 和 5dB 识别率都没有联合 CMVN 之前好，而在信噪比较高时其性能才逐渐优于 MMSE，但性能差别不大；而对于 logMMSE+CMVN 情况更为不理想，在-5~5dB 时性能都没有提高，反而出现下降情况，只有在 10dB 和 15dB 时性能才有比较微弱的提高。

可能的原因是社区农贸市场的环境噪声主要是人群噪声，非平稳信号的特征更为明显，测试语音受到的干扰与其本身的频谱较为相似，因而效果较差；同时还有可能的原因是农贸市场的环境是有墙壁和顶棚的半封闭空间，与大型农产品批发市场的开放环境不同，这样声音信号因受到墙面等障碍物的反射或吸收，传感器接受到的信号中存在空间内不同物体对声音的反射波，这就使得话筒所采集到的声音信号不再是各种声源信号的简单混合，而是多种生源信号的延时叠加，形成信道内的卷积噪声干扰（吕钊等，2010；王卫华等，2008；张华等，2009），因此影响识别结果。

表 6-2　农贸市场环境下统计增强算法及联合 CMVN 后的识别率
Table 6-2　Recognition rates of MMSE, logMMSE alone and
combined with CMVN at community market ambience

	-5dB	0dB	5dB	10dB	15dB	20dB	25dB	clean
BaseLine	17.35	21.84	42.24	64.08	83.49	89.73	92.01	92.69
CMVN	13.55	21.16	50.76	76.64	88.51	92.62	94.06	95.89
logMMSE	20.62	36.91	61.64	79.22	87.37	92.09	92.62	94.44
MMSE	21.08	38.74	64.69	81.20	88.51	91.10	92.77	93.38
MMSE+CMVN	19.71	39.95	63.93	82.88	89.80	92.24	92.39	93.15
logMMSE+CMVN	18.26	35.77	60.20	80.14	87.90	91.63	92.31	93.68

超市环境下的实验数据如表 6-3 所示，对于 MMSE+CMVN 算法，在-5dB 和 0dB 时其性能不如 MMSE，性能有微弱的下降，但当大于 5dB 时性能逐渐表现出一定的优势；对于 logMMSE+CMVN 算法，在-5dB 和 0dB 时性能表现不如 logMMSE，仅在 5dB 和 15dB 时性能略有提高，随着信噪比的提高，性能表现也稍差，不及 logMMSE 算法。两种联合后的算法总体比较而言，MMSE+CMVN 的优势非常明显，特别是在较低信噪比时，在 0dB 时算法比 logMMSE+CMVN 有了近 10% 的提高，5dB 时提高了 4.42%，10dB 时提高了 3.27%，20dB 时提高了 1.60%。从图 6-4 的识别率曲线图上也可以看出，该环境下联合的后算法在 5dB 以下时并没有起到良好的效果，而在大于 5dB 时效果才逐渐明显。造成这种情况的原因是超市环境下的噪声主要是以人群噪声为主，而基于统计模型的语音增强算法在进行先验信噪比的估计时，由于噪声与语音之间难以区分，因此会给噪声的估计带来一定的困难。即使在更新噪声谱时利用噪声估计算法代替 VAD 算法，并没有产生明显的性能改善。原因是句子的持续时间较短，进而难以观察到噪声估计算

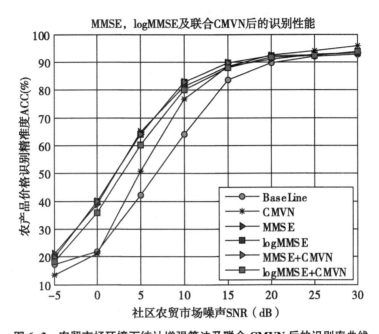

图 6-3　农贸市场环境下统计增强算法及联合 CMVN 后的识别率曲线

Fig. 6-3　Recognition rate curves of statistics enhancement alogrithms alone and combined with CMVN under the community market environment

法的好处（Loizou，2013）。目前来看，根据前人已有的研究，当前的语音增强算法只有很少一部分并且只能在少数情况（汽车、街道和火车噪声）下能显著改善总体音质。在多说话人的情况下（如超市人群噪声），即高度非平稳的环境下，没有算法能明显改善语音质量。

表 6-3　超市环境下统计增强算法及联合 CMVN 后的识别率

Table 6-3　Recognition rates of MMSE, logMMSe alone and combined with CMVN at supermarket environment

	−5dB	0dB	5dB	10dB	15dB	20dB	25dB	clean
BaseLine	14.31	17.73	35.84	61.57	84.32	89.73	91.10	92.69
CMVN	12.79	18.34	44.06	74.89	88.43	92.16	94.37	95.89
logMMSE	22.60	42.77	68.04	83.11	88.36	92.16	93.30	94.44
MMSE	24.35	47.11	72.60	84.63	89.80	91.93	92.31	93.38
MMSE+CMVN	23.14	45.21	74.05	86.07	91.10	93.23	93.68	93.68
logMMSE+CMVN	17.96	35.46	69.63	82.80	89.50	91.63	92.85	93.15

另外，虽然基于对数的最小均方误差估计符合人类的听觉感知，但从实验的结果来看，其并不能提高识别率，原因在于语音增强本身是为提高语音质量为目的的。然而，质量的提高不一定带来可懂度的改善，事实上，某些情况下，质量改善的同时会带来语

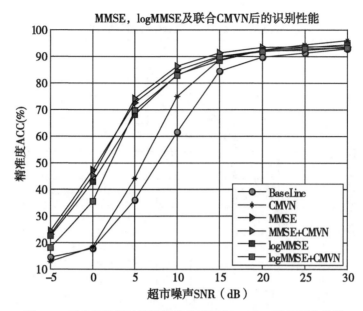

图 6-4　超市环境下统计增强算法及联合 CMVN 的识别率曲线

Fig. 6-4　Recognition rate curves of statistics enhancement alogrithms alone and combined with CMVN under the supermarket environment

音可懂度的下降，这是由于在抑制声学噪声的过程中可能产生纯净语音信号的失真。

三、实际环境语音测试

　　为了进一步验证第五章中的谱减类算法及联合特征补偿后的算法，以及本章提出的基于统计模型的语音增强方法及联合特征补偿的算法，本实验选取第三章语音库 AgriPrice 测试集，该测试集分别在两处不同的农产品交易市场采集，这样做的目的是用实际环境下的语音测试，以区别于人工加噪后的语音测试。从表 6-4 的实验结果来看，为了便于比较计算出了两处环境的平均识别精准度，对于谱减类算法，其联合特征补偿后识别率有了较小幅度的提高，但不明显；而对于基于统计模型理论下的 MMSE 和 logMMSE，再联合 CMVN 后其性能有所提升，效果要稍微好于谱减类算法。从总体上看，各种算法在实际环境下的测试结果要比在人工加噪（以 15dB 为参考）情况下有所降低。其原因主要是由于在实验中存在许多未知因素的干扰，如口音问题、说话人变化、发音变化等，同时再加上传感器所产生的信道畸变及录音设备自身产生的干扰，使得真实环境下的混合滤波器比人工加噪时混合滤波要复杂的多，不利于本书中各种算法进行短时谱的处理，因此必然导致识别率有所下降，所以算法的稳定性有待进一步提高。

表 6-4　实际环境下测得的识别率

Table 6-4　Recognition rates in actual environment

	平均精准度（ACC）	实际环境 A	实际环境 B	clean
SS	80.87	80.23	81.52	88.28

（续表）

	平均精准度（ACC）	实际环境 A	实际环境 B	clean
MB	89.59	89.53	89.64	92.24
SSMMSE	90.82	90.54	91.10	95.89
SS+CMVN	83.45	84.68	82.21	89.88
MB+CMVN	89.42	89.75	89.08	94.98
SSMMSE+CMVN	91.11	90.43	91.78	96.19
MMSE	86.94	86.94	89.53	93.38
logMMSE	87.95	86.60	89.30	94.44
MMSE+CMVN	89.08	89.19	88.96	93.68
logMMSE+CMVN	89.99	89.75	90.23	93.15

第五节　算法综合比较

为了比较各种算法的总体性能，图 6-5、图 6-6 和图 6-7 分别给出了不同类别的算法在不同环境中相同信噪比时的识别率柱状图。

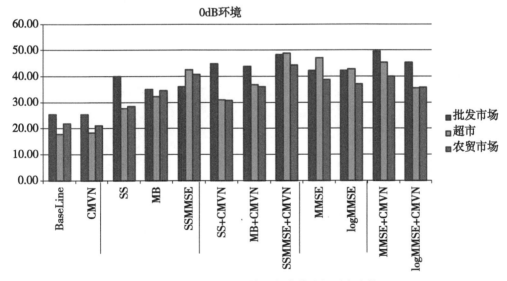

图 6-5　0dB 时不同环境中各类算法识别率比较

Fig. 6-5　Comparison of various algorithms recognition rate at different environments of 0dB SNR

（1）首先从总体上看，采用语音增强后的算法，包括谱减类算法和基于统计模型框架的算法，无论在联合 CMVN 前后，其性能都比基线系统和 CMVN 方法有所提升。

（2）从同类算法联合 CMVN 前后比较来看，联合后的算法要比联合前有一定的优势，且这种优势主要集中在 0dB 和 5dB 的情况；在 10dB 时联合前后提升不明显，两类

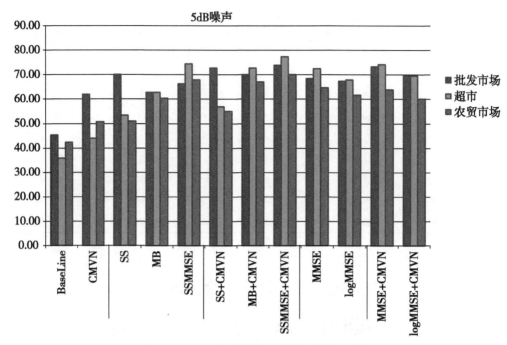

图 6-6　5dB 时不同环境中各算法识别率比较

Fig. 6-6　Comparison of various algorithms recognition rate at different environments of 5dB SNR

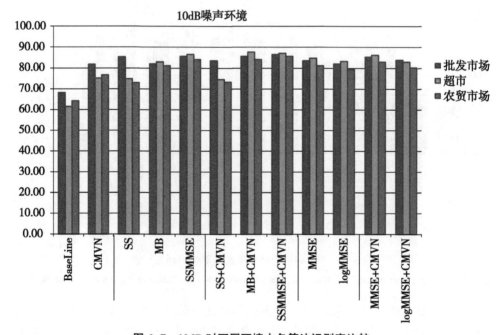

图 6-7　10dB 时不同环境中各算法识别率比较

Fig. 6-7　Comparison of various algorithms recognition rate at different environments of 10dB SNR

算法无论在联合前还是在联合后，性能相当。这进一步说明了，在信噪比较低的情况下，在识别前需要进行去噪处理，再进一步联合 CMVN 算法进行补偿效果更为明显，若信噪比较高时再进行去噪则效果不明显。

（3）从不同算法类间比较来看，谱减类算法中的 SS、MB 算法性能比统计模型下的 MMSE 以及 logMMSE 稍差，而 MMSE 谱减算法则与之相当。当联合 CMVN 后，SS+CMVN、MB+CMVN 不及统计模型下的 MMSE + CMVN，logMMSE + CMVN，但 SSMMSE + CMVN 性能略好。

（4）从不同环境中各算法的表现来看，SSMMSE+CMVN 在各种环境下性能有一定优势，其次为 MMSE+CMVN。

第七章　结论及展望

第一节　研究总结

本书主要研究如何解决农产品市场信息采集环境中的语音识别噪声鲁棒性问题，针对当前缺乏面向农产品市场信息采集领域的语音识别引擎，而通用领域的识别算法又不适合解决上述问题，分析农产品市场信息采集环境的噪声特点，研究适用于该环境下的语音识别鲁棒性方法。

研究结果主要包括以下几个方面。

（1）在概率模型框架下，改进了扩展的三音素声韵母识别单元，建立并优化了农产品市场信息采集的语音识别 HMM 模型，大大提高了识别率。

（2）针对建模后三音子模型数量急剧增加问题，深入研究了基于决策树的状态聚类方法，设计了一套二值问题集，将其作为决策树状态聚类的规则，通过聚类减小了三音子模型的数量，有效地解决了训练数据不充分问题。

（3）鉴于倒谱均值归一化（CMN）在消除信道卷积噪声以及倒谱方差归一化（CVN）在消除加性噪声方面的良好表现，将其应用到农产品市场信息语音识别系统，有效提高了系统识别率。

（4）为了提高输入语音信号的信噪比，尽量减小带噪语音中的噪声信号，深入研究了语音增强算法中的谱减类算法，但此类算法容易带来信道失真和"音乐"噪声，对此本书提出了一种语音增强与特征补偿相结合的鲁棒性方法，将谱减法与倒谱均值方差归一化（Cesptral Mean Variance Normalization，CMVN）方法进行了结合。实验表明，该方法能有效提高识别率，较低信噪比时性能更为明显，0dB 时有 4.8% ~ 12.4% 的提升，5dB 时提高 2.8% ~ 7.7%。

（5）最后，鉴于谱减算法并没有考虑频谱的分布，而语音频谱的幅度分布对人的听觉起重要作用，本书在统计估计理论的框架下对语音幅度进行了估计，研究了估计幅度与实际幅度的最小均方误差（MMSE）估计器以及对数幅度最小均方误差（logMMSE）估计器。在此基础上提出了联合最小均方误差幅度估计（或 logMMSE）增强与 CMVN 失真补偿的鲁棒性方法。通过在大型农产品批发市场、农贸市场、超市环境下的实验证明，该方法有效，且 MMSE+CMVN 方法整体性能优于 logMMSE+CMVN，更适合在农产品市场信息采集业务环境中选用。同时也进一步证明了在多种空间下的方法结合，可以有效的提高系统的鲁棒性。

本研究的创新点主要集中在两处。

（1）将语音识别技术应用到农业信息采集领域，基于 HMM 模型，提出了一种针对该业务领域的识别引擎训练和优化方案。

（2）提出了一套针对该业务领域下的噪声鲁棒性方法，分别将谱减增强、基于统计模型的前端增强方法与倒谱均值方差归一化方法结合，通过前端去噪和后续补偿的联合提高了系统识别性能。

第二节　展　望

虽然本研究在特定的环境，即农产品市场信息采集作业环境下利用所提方法有效的提高了系统的鲁棒性，识别率从不同程度上得到了提升。但本研究还需要进一步改进。

（1）语音增强方法有多种类别，但没有一种特定算法能消除所有类型的噪声。通常，语音增强算法都是在建立在一定的假设和约束条件下，而且只适用于特定的环境。本书所采用的语音增强算法，假设农产品市场信息采集环境（具体包括大型批发市场、社区农贸市场、超市）的噪声特征相似，并没有针对某一种特别具体的环境进行区分。实际上，不同类别的噪声其统计性能是不一样的（袁文浩等，2014），在语音增强算法中应该考虑这些特性，以区别对待。今后若能根据不同噪声环境采用不同的语音增强算法，将会进一步提高性能。

（2）本研究中的识别文法网络相对简单，基本采用了固定的结构形式，这样做的目的是因为本研究重点放在声学模型方面，并不涉及语言模型方面的内容，因此更有利于问题的研究。今后将会根据具体的业务需要，将语法网络进一步丰富和完善，提供多种文法形式的识别功能。随着语法形式的复杂，一些高层次的语言知识将被引入到声学识别的过程中，如统计语言模型工具，以提高识别结果搜索的精度。

（3）识别系统中训练出的识别模型其智能性还需提高，根据实际的噪声环境应该能够自动调整模型的参数，以提高模型的自适应能力。为此，今后工作的重点应该从模型自适应方面展开研究，采用 MAP 或 MLLR 等自适应技术进一步提高模型的鲁棒性。

参考文献

白立舜, 杨伯钢, 王晴. 2013. 森林资源调查的便携式野外声控记录技术研究 [J]. 测绘通报 (9): 80-82, 86.

蔡尚, 金鑫, 高圣翔, 等. 2012. 用于噪声鲁棒性语音识别的子带能量规整感知线性预测系数 [J]. 声学学报, 37 (6): 667-672.

曹晏飞, 滕光辉, 余礼根, 等. 2014. 含风机噪声的蛋鸡声音信号去噪方法比较 [J]. 农业工程学报, 30 (2): 212-218.

程塨, 郭雷, 赵天云, 等. 2010. 非平稳噪声环境下的语音增强算法 [J]. 西北工业大学学报, 28 (5): 664-668.

程宁, 刘文举. 2009a. 基于高斯—拉普拉斯—伽玛模型和人耳听觉掩蔽效应的信号子空间语音增强算法 [J]. 声学学报 (中文版), 34 (6): 554-565.

程宁, 刘文举. 2009b. 基于听觉感知特性的信号子空间麦克风阵列语音增强算法 [J]. 自动化学报, 35 (12): 1 481-1 487.

丁沛. 2003. 语音识别中的抗噪声技术 [D]. 北京: 清华大学.

杜俊. 2009. 自动语音识别中的噪声鲁棒性方法 [D]. 长沙: 中国科学技术大学.

高明明, 常太华, 杨国田, 等. 2009. 基于子带主频率信息的语音特征提取算法 [J]. 计算机工程, 35 (18): 161-163.

古今, 郭立, 郑东飞. 2009. 一种基于感知特性的鲁棒性语音认证算法 [J]. 中国科学院研究生院学报, 26 (4): 474-482.

关勇, 李鹏, 刘文举, 等. 2009. 基于计算听觉场景分析和语者模型信息的语音识别鲁棒前端研究 [J]. 自动化学报, 35 (4): 410-416.

郭海燕, 杨震, 朱卫平. 2012. 一种新的基于稀疏分解的单通道混合语音分离方法 [J]. 电子学报, 40 (4): 762-768.

韩勇, 须德, 戴国忠. 2004. 语音用户界面研究进展 [J]. 计算机科学, 41 (6): 1-4, 39.

韩兆兵, 贾磊, 张树武, 等. 2003. 连续语音识别中声学建模的组合聚类算法研究 [J]. 中文信息学报, 17 (4): 33-38.

胡旭琰, 邹月娴, 王文敏. 2013. 基于 MDT 特征补偿的噪声鲁棒语音识别算法 [J]. 清华大学学报 (自然科学版), 53 (6): 753-756.

胡郁. 2009. 语音识别中基于模型补偿的噪声鲁棒性问题研究 [D]. 长沙: 中国科学技术大学.

胡政权, 曾毓敏, 宗原, 等. 2014. 说话人识别中 MFCC 参数提取的改进 [J]. 计算机工程与应用, 50 (7): 217-220.

黄建军，张雄伟，张亚非，等．2012．时频字典学习的单通道语音增强算法［J］．声学学报，57（5）：539-547．

贾海蓉，张雪英，白静．2011．联合听觉掩蔽效应的子空间语音增强算法［J］．计算机工程，37（8）：259-261．

贾海蓉，张雪英，牛晓薇．2011．用小波包改进子空间的语音增强方法［J］．太原理工大学学报，42（2）：117-120．

雷建军，杨震，刘刚，等．2009．噪声鲁棒语音识别研究综述［J］．计算机应用研究，26（4）：1 210-1 216．

雷建军．2007．噪声鲁棒语音识别中若干问题的研究［D］．北京：北京邮电大学．

李超，刘文举．2011．基于 F 范数的信号子空间维度估计的多通道语音增强算法［J］．声学学报，36（4）：451-460．

李春，王作英．2003．汉语连续语音识别中一种新的音节间相关识别单元［J］．声学学报，28（2）：187-191．

李干琼，王东杰，于海鹏．2013．"农信采"正能量［J］．农产品市场周刊（26）：17．

李金娟．2007．基于 HMM 模型的语音情感识别的研究［D］．天津：天津大学．

李净，郑方，张继勇，等．2004．汉语连续语音识别中上下文相关的声韵母建模［J］．清华大学学报（自然科学版），44（1）：61-64．

李明华，徐良贤．2002．VoiceXML 语音浏览器的研究［J］．计算机工程，28（10）：7-9，22．

李鹏，关勇，刘文举，等．2009．一种改进的单声道混合语音分离方法［J］．自动化学报，35（8）：1 087-1 093．

李燕萍．2009．说话人辨认中的特征参数提取和鲁棒性技术研究［D］．南京：南京理工大学．

李曜，刘加．2007．基于汉语语音学决策树构建语音识别声学建模方法研究［C］．见：全国网络与信息安全技术研讨会．

李银国，欧阳希子，郑方．2013．语音识别中听觉特征的噪声鲁棒性分析［J］．清华大学学报：自然科学版，53（8）：1 082-1 086．

李银国，蒲甫安，郑方．2012．基于统计阈值的鲁棒性语音识别（英文）［J］．重庆邮电大学学报（自然科学版），24（2）：127-132．

刘放军，王仁华．2006．语音识别前端鲁棒性问题综述［J］．计算机科学，33（4）：168-173．

刘筠，卢超．2008．新型车载语音识别系统中的一种关键技术［J］．微处理机（4）：177-180．

吕勇，吴镇扬．2010．基于最大似然多项式回归的鲁棒语音识别［J］．声学学报，35（1）：88-96．

吕钊，吴小培，张超，等．2010．卷积噪声环境下语音信号鲁棒特征提取［J］．声学学报，35（4）：465-470．

马治飞 . 2006. 基于概率模型的特征补偿算法在语音识别中的应用［D］郑州：解放军信息工程大学.

倪崇嘉, 刘文举, 徐波 . 2009. 汉语大词汇量连续语音识别系统研究进展［J］. 中文信息学报, 23（1）：112-123, 128.

蒲甫安 . 2012. 语音识别系统噪声鲁棒性算法研究［D］. 重庆：重庆邮电大学.

齐耀辉, 潘复平, 葛凤培, 等 . 2013. 汉语连续语音识别系统中三音子模型的优化［J］. 计算机应用研究, 30（10）：2 920-2 922.

舒挺, 张国煊 . 2003. 基于 Voice XML 技术的信息服务集成［J］. 计算机应用, 23（6）：114-116.

王海艳 . 2011. 基于统计模型的语音增强算法研究［D］. 吉林：吉林大学.

王让定, 柴佩琪 . 2003. 语音倒谱特征的研究［J］. 计算机工程, 29（13）：31-33.

王卫华, 黄凤岗 . 2008. 基于计算听觉场景分析的语音盲分离方法［J］. 哈尔滨工程大学学报, 29（4）：395-399.

王晓兰, 周献中 . 2005. 格式正确的有限命令识别［J］. 计算机应用, 25（10）：2 230-2 232.

王易川, 李智忠 . 2011. 基于 Mel 倒谱和 BP 神经网络的船舶目标分类研究［J］. 传感器与微系统（6）：55-57, 67.

王玉洁 . 2007. 基于人工心理的情感建模及人工情感交互技术研究［D］. 北京：北京科技大学.

吴北平, 李辉, 戴蓓倩, 等 . 2009. 基于子空间域噪声特征值估计的语音增强方法［J］. 信号处理, 25（3）：460-463.

肖洪源, 赵胜辉, 张春玲, 等 . 2013. 适用于机舱环境的抗噪语音指令识别方案［J］. 电声技术, 37（6）：51-53.

肖云鹏, 叶卫平 . 2010. 基于特征参数归一化的鲁棒语音识别方法综述［J］. 中文信息学报, 24（5）：106-116.

邢振, 郑文刚, 申长军, 等 . 2011. 农产品信息采集器［P］. 中国, 实用新型, CN202035021U.

徐向华, 朱杰, 郭强 . 2004. 汉语连续语音识别中的分级聚类算法的研究和应用［J］. 信号处理, 20（5）：497-500.

许世卫, 张永恩, 李志强, 等 . 2011. 农产品全息市场信息规范及分类编码研制［J］. 中国食物与营养, 17（12）：5-8.

叶俊勇 . 2002. 人脸检测与识别方法研究［D］. 重庆：重庆大学.

余华 . 2004. 基于 HMM 的车牌自动识别技术的研究［D］. 南京：东南大学.

余礼根, 滕光辉, 李保明, 等 . 2012. 蛋鸡发声音频数据库的构建与应用［J］. 农业工程学报, 28（24）：150-156.

余耀, 赵鹤鸣 . 2012. 非平稳噪声环境下的噪声功率谱估计方法［J］. 数据采集与处理, 27（4）：486-489.

俞一彪, 赵鹤鸣, 周旭东 . 2002. 语音识别浏览器 VoiceIE 设计与实现［J］. 数据采集与处理，17（1）：95-99.

袁文浩，林家骏，王雨，等 . 2014. 一种基于噪声分类的语音增强方法［J］. 华东理工大学学报（自然科学版），40（2）：196-201.

张翠丽，张申生，李磊 . 2006. 基于统一受理的农业呼叫中心解决方案［J］. 计算机软件与应用，23（10）：31-32，35.

张东方，蒋建中，张连海 . 2012. 一种改进型 IMCRA 非平稳噪声估计算法［J］. 计算机工程，38（13）：270-272.

张华，冯大政，庞继勇 . 2009. 卷积混迭语音信号的联合块对角化盲分离方法［J］. 声学学报（中文版），34（2）：167-174.

张先锋，金连甫，陈平 . 2002. 一个 VoiceXML 语音浏览器的设计和实现［J］. 计算机应用研究（10）：154-157.

张雪英，贾海蓉，靳晨升 . 2011. 子空间与维纳滤波相结合的语音增强方法［J］. 计算机工程与应用，47（14）：146-148.

赵春江，申长军，邢振，等 . 2013. 农产品信息采集器及采集方法［P］. 中国，发明专利，CN102122430A.

赵力 . 2012. 语音信号处理［M］（第 2 版）. 北京：机械工业出版社.

赵丽稳，王鸿斌，张真，孔祥波 . 2008. 昆虫声音信号和应用研究进展［J］. 植物保护，34（4）：5-12.

周阿转，俞一彪 . 2012. 采用特征空间随机映射的鲁棒性语音识别［J］. 计算机应用，32（7）：2 070-2 073.

周阿转 . 2012. 汽车驾驶环境中的鲁棒性语音识别［D］. 苏州：苏州大学.

竺乐庆，王鸿斌，张真 . 2010. 基于 Mel 倒谱系数和矢量量化的昆虫声音自动鉴别［J］. 昆虫学报，53（8）：901-907.

竺乐庆，张真 . 2012. 基于 MFCC 和 GMM 的昆虫声音自动识别［J］. 昆虫学报，55（4）：466-471.

邹大勇，李玲 . 2011. 有色噪声环境中鲁棒语音特征参数提取研究［J］. 计算机仿真，28（5）：395-398.

Atal B. S. 2005. Effectiveness of linear prediction characteristics of the speech wave for automatic speaker identification and verification［J］. *The Journal of the Acoustical Society of America*，55（6）：1 304-1 312.

Baum L. E.，Petrie T.，Soules G.，et al. 1970. A maximization technique occurring in the statistical analysis of probabilistic functions of Markov chains［J］. *The annals of mathematical statistics*：164-171.

Baum L. E.，Petrie T. 1966. Statistical inference for probabilistic functions of finite state Markov chains［J］. *The annals of mathematical statistics*：1 554-1 563.

Beh J.，Ko H. 2003. A novel spectral subtraction scheme for robust speech recognition：spectral subtraction using spectral harmonics of speech［C］. *in*：the Acoustics，Speech，and Signal Processing，2003. Proceedings.（ICASSP'03）. 2003 IEEE International Conference on. IEEE, 1: 648-651.

Berouti M., Schwartz R., Makhoul J. 1979. Enhancement of speech corrupted by acoustic noise [C]. in: the Acoustics, Speech, and Signal Processing, IEEE International Conference on ICASSP79. IEEE, 4: 208-211.

Boh Lim S., Yit Chow T., Chang J. S., et al. 1998. A parametric formulation of the generalized spectral subtraction method [J]. *Speech and Audio Processing*, *IEEE Transactions on*, 6 (4): 328-337.

Boll S. 1979. Suppression of acoustic noise in speech using spectral subtraction [J]. *Acoustics*, *Speech and Signal Processing*, *IEEE Transactions on*, 27 (2): 113-120.

Chedad A., Moshou D., Aerts J. M., et al. 2001. Recognition system for pig cough based on probabilistic neural networks [J]. *Journal of Agricultural Engineering Research*, 79 (4): 449-457.

Chia-Ping C., Bilmes J. A. 2007. MVA Processing of Speech Features [J]. *Audio*, *Speech*, *and Language Processing*, *IEEE Transactions on*, 15 (1): 257-270.

Chow Y., Dunham M., Kimball O., et al. 1987. BYBLOS: The BBN continuous speech recognition system [C]. in: the Acoustics, Speech, and Signal Processing, IEEE International Conference on ICASSP87. IEEE, 12: 89-92.

Cohen I. 2005. Relaxed statistical model for speech enhancement and a priori SNR estimation [J]. *Speech and Audio Processing*, *IEEE Transactions on*, 13 (5): 870-881.

Crozier P., Cheetham B., Holt C., et al. 1993. Speech enhancement employing spectral subtraction and linear predictive analysis [J]. *Electronics Letters*, 29 (12): 1 094-1 095.

Davies K., Donovan R. E., Epstein M., et al. 1999. The IBM conversational telephony system for financial applications [C]. in: the Eurospeech.

Davis K., Biddulph R., Balashek S. 1952. Automatic recognition of spoken digits [J]. *The Journal of the Acoustical Society of America*, 24 (6): 637-642.

De La Torre A., Peinado A. M., Segura J. C., et al. 2005. Histogram equalization of speech representation for robust speech recognition [J]. *Speech and Audio Processing*, *IEEE Transactions on*, 13 (3): 355-366.

Dehzangi O., Ma B., Chng E. S., et al. 2012. Discriminative feature extraction for speech recognition using continuous output codes [J]. *Pattern Recognition Letters*, 33 (13): 1 703-1 709.

Deng C., Liu X. r., Liu H. m., et al. 2011. Noisy Speech Enhancement Using a Novel a Priori SNR Estimation *Advances in Computer Science*, *Intelligent System and Environment* (pp. 139-145): Springer.

Dupont S., Luettin J. 2000. Audio-visual speech modeling for continuous speech recognition [J]. *Multimedia*, *IEEE Transactions on*, 2 (3): 141-151.

Dux D. L. 2001. A speech recognition system for data collection in precision agriculture

[D]. Ann Arbor: Purdue University.

Ephraim Y. , Malah D. 1984. Speech enhancement using a minimum-mean square error short-time spectral amplitude estimator [J]. *Acoustics, Speech and Signal Processing, IEEE Transactions on*, 32 (6): 1 109-1 121.

Forgie J. W. , Forgie C. D. 1959. Results obtained from a vowel recognition computer program [J]. *The Journal of the Acoustical Society of America*, 31 (11): 1 480-1 489.

Gales M. , Young S. 1993a. Parallel model combination for speech recognition in noise [M]. University of Cambridge, Department of Engineering.

Gales M. , Young S. J. 1993b. HMM recognition in noise using parallel model combination [C]. *in*: the Eurospeech. 93: 837-840.

Gauvain J. L. , Lee C. H. 1994. Maximum a posteriori estimation for multivariate Gaussian mixture observations of Markov chains [J]. *Speech and Audio Processing, IEEE Transactions on*, 2 (2): 291-298.

Goh Z. , Tan K. C. , Tan B. 1998. Postprocessing method for suppressing musical noise generated by spectral subtraction [J]. *IEEE Transactions on Speech and Audio Processing*, 6 (3): 287-292.

Guarino M. , Jans P. , Costa A. , et al. 2008. Field test of algorithm for automatic cough detection in pig houses [J]. *Computers and Electronics in Agriculture*, 62 (1): 22-28.

Hasan M. K. , Salahuddin S. , Khan M. R. 2004. A modified a priori SNR for speech enhancement using spectral subtraction rules [J]. *Signal Processing Letters, IEEE*, 11 (4): 450-453.

Hasegawa-Johnson M. , Baker J. , Borys S. , Chen K. , Coogan E. , Greenberg S. , Juneja A. , Kirchhoff K. , Livescu K. , Mohan S. 2005. Landmark-based speech recognition: Report of the 2004 Johns Hopkins summer workshop [C]. *in*: the Proceedings of the... IEEE International Conference on Acoustics, Speech, and Signal Processing/sponsored by the Institute of Electrical and Electronics Engineers Signal Processing Society. ICASSP. NIH Public Access, 1: 1 213.

Hendriks R. C. , Heusdens R. , Jensen J. 2010. MMSE based noise PSD tracking with low complexity [C]. *in*: the Acoustics Speech and Signal Processing (ICASSP), 2010 IEEE International Conference on. IEEE: 4 266-4 269.

Hermansky H. 1990. Perceptual linear predictive (PLP) analysis of speech [J]. *The Journal of the Acoustical Society of America*, 87 (4): 1 738-1 752.

Hilger F. , Ney H. 2001. Quantile based histogram equalization for noise robust speech recognition [C]. *in*: the INTERSPEECH: 1 135-1 138.

Hilger F. , Ney H. 2006. Quantile based histogram equalization for noise robust large vocabulary speech recognition [J]. *Audio, Speech, and Language Processing, IEEE Transactions on*, 14 (3): 845-854.

Hu Y. , Loizou P. C. 2007. Subjective comparison and evaluation of speech enhancement algorithms [J]. *Speech Communication*, 49 (7-8): 588-601.

Huang X. , Acero A. , Alleva F. , et al. 1995. Microsoft Windows highly intelligent speech recognizer: Whisper [C]. *in*: the Acoustics, Speech, and Signal Processing, 1995. ICASSP-95. , 1995 International Conference on. IEEE, 1: 93-96.

Huang X. D. , Ariki Y. , Jack M. A. 1990. Hidden Markov models for speech recognition [M]. Edinburgh university press Edinburgh.

Huang X. D. , Jack M. A. 1989. Semi-continuous hidden Markov models for speech signals [J]. *Computer Speech & Language*, 3 (3): 239-251.

Inoue T. , Saruwatari H. , Takahashi Y. , et al. 2011. Theoretical Analysis of Musical Noise in Generalized Spectral Subtraction Based on Higher Order Statistics [J]. *Audio, Speech, and Language Processing, IEEE Transactions on*, 19 (6): 1 770-1 779.

Jahns G. 2008. Call recognition to identify cow conditions—A call-recogniser translating calls to text [J]. *Computers and Electronics in Agriculture*, 62 (1): 54-58.

Jain P. , Hermansky H. 2001. Improved mean and variance normalization for robust speech recognition [C]. *in*: the IEEE international conference on acoustics speech and signal processing. ieee, 6: 4 015.

Kai T. , Suzuki M. , Chijiiwa K, et al. 2013. Combination of SPLICE and Feature Normalization for Noise Robust Speech Recognition [J]. Journal of Signal Processing, 16 (4): 323-326.

Kamath S. , Loizou P. 2002. A multi-band spectral subtraction method for enhancing speech corrupted by colored noise [C]. *in*: the IEEE international conference on acoustics speech and signal processing. Citeseer, 4: 4 164.

Kanehara S. , Saruwatari H. , Miyazaki R. , et al. 2012. Theoretical analysis of musical noise generation in noise reduction methods with decision-directed a priori SNR estimator [C]. *in*: the Acoustic Signal Enhancement; Proceedings of IWAENC 2012; International Workshop on. VDE: 1-4.

Kang G. , Fransen L. 1989. Quality improvement of LPC-processed noisy speech by using spectral subtraction [J]. *Acoustics, Speech and Signal Processing, IEEE Transactions on*, 37 (6): 939-942.

Kumar N. , Andreou A. G. 1997. *Investigation of silicon auditory models and generalization of linear discriminant analysis for improved speech recognition*. Johns Hopkins University.

Kumar N. , Andreou A. G. 1998. Heteroscedastic discriminant analysis and reduced rank HMMs for improved speech recognition [J]. *Speech Communication*, 26 (4): 283-297.

Lee K. F. , Hon H. W. , Reddy R. 1990. An overview of the SPHINX speech recognition system [J]. *Acoustics, Speech and Signal Processing, IEEE Transactions on*, 38 (1): 35-45.

Lee K. F., Hon H. W. 1988. Large-vocabulary speaker-independent continuous speech recognition using HMM [C]. *in*: the Acoustics, Speech, and Signal Processing, 1988. ICASSP-88., 1988 International Conference on. IEEE: 123-126.

Lee K. F. 1989. Automatic Speech Recognition: The Development of the Sphinx Recognition System [M]. Springer.

Leggetter C. J., Woodland P. 1995a. Maximum likelihood linear regression for speaker adaptation of continuous density hidden Markov models [J]. *Computer Speech & Language*, 9 (2): 171-185.

Leggetter C. J., Woodland P. C. 1995b. Maximum likelihood linear regression for speaker adaptation of continuous density hidden Markov models [J]. *Computer Speech & Language*, 9 (2): 171-185.

Li Z., Gao W. L., Wang Q., et al. 2009. Design of Rural Voice Service System [C]. *in*: the Information Technology and Computer Science, 2009. ITCS 2009. International Conference on. 1: 501-504.

Liu X., Gales M. J. F., Hieronymus J. L., et al. 2011. Investigation of acoustic units for LVCSR systems [C]. *in*: the Acoustics, Speech and Signal Processing (ICASSP), 2011 IEEE International Conference on. IEEE: 4 872-4 875.

Liu Y., Shriberg E., Stolcke A., et al. 2005. Structural metadata research in the EARS program [C] // IEEE International Conference on Acoustics, Speech, and Signal Processing, Proceedings. IEEE, 2005: v/957-v/960 Vol. 5.

Loizou P. C. 2013. Speech enhancement: theory and practice [M]. CRC press.

Macherey W., Haferkamp L., Schlüter R., et al. 2005. Investigations on error minimizing training criteria for discriminative training in automatic speech recognition [C]. *in*: the INTERSPEECH. 2005: 2 133-2 136.

Makhoul J. 1975. Linear prediction: A tutorial review [J]. *Proceedings of the IEEE*, 63 (4): 561-580.

Marx M., Schmandt C. 1996. MailCall: message presentation and navigation in a nonvisual environment [C]. *in*: the Proceedings of the SIGCHI Conference on Human Factors in Computing Systems. ACM: 165-172.

McAulay R., Malpass M. 1980. Speech enhancement using a soft-decision noise suppression filter [J]. *Acoustics, Speech and Signal Processing, IEEE Transactions on*, 28 (2): 137-145.

Miyazaki R., Saruwatari H., Inoue T., et al. 2012. Musical-noise-free speech enhancement: Theory and evaluation [C]. *in*: the Acoustics, Speech and Signal Processing (ICASSP), 2012 IEEE International Conference on. IEEE: 4 565-4 568.

Morales-Cordovilla J. A., Peinado A. M., Sánchez V., et al. 2011. Feature extraction based on pitch-synchronous averaging for robust speech recognition [J]. *Audio, Speech, and Language Processing, IEEE Transactions on*, 19 (3): 640-651.

Mporas I., Ganchev T., Kostoulas T., et al. 2009. Automatic Speech Recognition System for Home Appliances Control [C]. in: the Informatics, 2009. PCI '09. 13th Panhellenic Conference on: 114-117.

S. Selva Nidhyananthan, R. Shantha Selva Kumari, A. Arun Prakash. 2014. A review on speech enhancement algorithms and why to combine with environment classification [J]. International Journal of Modern Physics C, 25 (10): 1430002-.

Paliwal K. K., Alsteris L. D. 2005. On the usefulness of STFT phase spectrum in human listening tests [J]. *Speech Communication*, 45 (2): 153-170.

Papoulis A., Pillai S. U. 2002. Probability, random variables, and stochastic processes [M]. Tata McGraw-Hill Education.

Pearlman W. A., Gray R. M. 1978. Source coding of the discrete Fourier transform [J]. *Information Theory, IEEE Transactions on*, 24 (6): 683-692.

Povey D., Burget L., Agarwal M., et al. 2011. The subspace Gaussian mixture model—A structured model for speech recognition [J]. *Computer Speech & Language*, 25 (2): 404-439.

Pujol P., Macho D., Nadeu C. 2006. On real-time mean-and-variance normalization of speech recognition features [C]. in: the Acoustics, Speech and Signal Processing, 2006. ICASSP 2006 Proceedings. 2006 IEEE International Conference on. IEEE, 1: I-I.

Rabiner L. 1989. A tutorial on hidden Markov models and selected applications in speech recognition [J]. *Proceedings of the IEEE*, 77 (2): 257-286.

Raman T. 1994. *Audio system for technical readings* [D]. Cornell University.

Reddy D. R. 1966. Approach to computer speech recognition by direct analysis of the speech wave [J]. *The Journal of the Acoustical Society of America*, 40 (5): 1 273.

Sagayama S., Yamaguchi Y., Takahashi S., Takahashi J. 1997. -i. Jacobian approach to fast acoustic model adaptation [C]. in: the Acoustics, Speech, and Signal Processing, 1997. ICASSP-97., 1997 IEEE International Conference on. IEEE, 2: 835-838.

Saon G., Padmanabhan M., Gopinath R., Chen S. 2000. Maximum likelihood discriminant feature spaces [C]. in: the Acoustics, Speech, and Signal Processing, 2000. ICASSP'00. Proceedings. 2000 IEEE International Conference on. IEEE, 2: II1129-II1132 vol. 1122.

Scalart P. 1996. Speech enhancement based on a priori signal to noise estimation [C]. in: the Acoustics, Speech, and Signal Processing, 1996. ICASSP-96. Conference Proceedings., 1996 IEEE International Conference on. IEEE, 2: 629-632.

Segura J C., Benítez M C, Ángel de la Torre, et al. 2002. Feature Extraction Combining Spectral Noise Reduction And Cepstral Histogram Equalization For Robust ASR [C] // International Conference on Spoken Language Processing, Icslp2002 - IN-

TERSPEECH 2002, Denver, Colorado, Usa, September. DBLP: 757-767.

Seide F., Yu P., Ma C., Chang E. 2004. Vocabulary - independent search in spontaneous speech [C]. in: the Acoustics, Speech, and Signal Processing, 2004. Proceedings. (ICASSP´04). IEEE International Conference on. IEEE, 1: I-253-256 vol. 251.

Sengijpta S. K. 1995. Fundamentals of statistical signal processing: Estimation theory [J]. *Technometrics*, 37 (4): 465-466.

Seok J. W., Bae K. S. 1999. Reduction of musical noise in spectral subtraction method using subframe phase randomisation [J]. *Electronics Letters*, 35 (2): 123-125.

Shao Y., Srinivasan S., Jin Z., et al. 2010. A computational auditory scene analysis system for speech segregation and robust speech recognition [J]. *Computer Speech & Language*, 24 (1): 77-93.

Singh L, Sridharan S. 1998. Speech enhancement using critical band spectral subtraction [C] // The, International Conference on Spoken Language Processing, Incorporating the, Australian International Speech Science and Technology Conference, Sydney Convention Centre, Sydney, Australia, November -, December. DBLP.

Soltau H., Kingsbury B., Mangu L., et al. 2005. The IBM 2004 Conversational Telephony System for Rich Transcription [C]. in: the ICASSP (1): 205-208.

Soon I., Koh S. 2000. Low distortion speech enhancement [J]. *IEE Proceedings-Vision, Image and Signal Processing*, 147 (3): 247-253.

Suhadi S., Last C., Fingscheidt T. 2011. A data-driven approach to a priori SNR estimation [J]. *Audio, Speech, and Language Processing, IEEE Transactions on*, 19 (1): 186-195.

Taghia J., Mohammadiha N., Sang J., et al. 2011. An evaluation of noise power spectral density estimation algorithms in adverse acoustic environments [C]. in: the Acoustics, Speech and Signal Processing (ICASSP), 2011 IEEE International Conference on. IEEE: 4 640-4 643.

Yu T, Saruwatari H, Shikano K, et al. 2010. Musical-Noise Analysis in Methods of Integrating Microphone Array and Spectral Subtraction Based on Higher-Order Statistics. [J]. Eurasip Journal on Advances in Signal Processing, 2010 (1): 1-25.

Viikki O., Laurila K. 1998. Cepstral domain segmental feature vector normalization for noise robust speech recognition [J]. *Speech Communication*, 25 (1): 133-147.

Vintsyuk T. 1968. Speech discrimination by dynamic programming [J]. *Cybernetics and Systems Analysis*, 4 (1): 52-57.

Wang G., Sim K. C. 2012. An investigation of tied-mixture GMM based triphone state clustering [C]. in: the Acoustics, Speech and Signal Processing (ICASSP), 2012 IEEE International Conference on. IEEE: 4 717-4 720.

Weintraub M., Murveit H., Cohen M., et al. 1989. Linguistic constraints in hidden

Markov model based speech recognition [C]. *in*：the Acoustics，Speech，and Signal Processing，1989. ICASSP-89.，1989 International Conference on. IEEE：699-702.

Wenhao O.，Wanlin G.，Zhen L.，et al. 2010. Application of keywords speech recognition in agricultural voice information system [C]. *in*：the Computational Intelligence and Natural Computing Proceedings（CINC），2010 Second International Conference on. 2：197-200.

Yi H.，Loizou P. C. 2006. Subjective Comparison of Speech Enhancement Algorithms [C]. in：the Acoustics，Speech and Signal Processing，2006. ICASSP 2006 Proceedings. 2006 IEEE International Conference on. 1：I-I.

Yong P. C.，Nordholm S.，Dam H. H. 2013. Optimization and evaluation of sigmoid function with<i> a priori </i> SNR estimate for real-time speech enhancement [J]. *Speech Communication*，55（2）：358-376.

Yu H.，Fingscheidt T. 2011. A data-driven post-filter design based on spatially and temporally smoothed a priori SNR [C]. *in*：the Acoustics，Speech and Signal Processing（ICASSP），2011 IEEE International Conference on. IEEE：137-140.

Zhang B.，Matsoukas S.，Schwartz R. 2006. Discriminatively trained region dependent feature transforms for speech recognition [C]. in：the Acoustics，Speech and Signal Processing，2006. ICASSP 2006 Proceedings. 2006 IEEE International Conference on. IEEE，1：I-I.

Zhao J.，Zhu Y. 2011a. Embedded Speech Recognition Based on Multiclass Support Vector Machine [J]. *Key Engineering Materials*，467：1 905-1 910.

Zhao J.，Zhu Y. 2011b. A multi-confidence feature combination rejection method for robust speech recognition [C]. *in*：the Transportation，Mechanical，and Electrical Engineering （TMEE），2011 International Conference on. Part D Vol. 25：2 556-2 559.